耐氧化聚苯硫醚纤维的
制备及其结构与性能

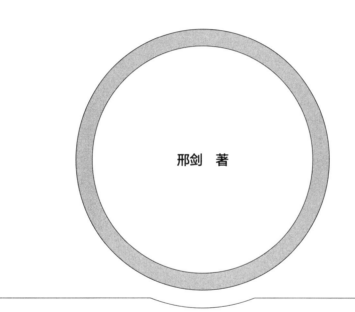

邢剑 著

内 容 提 要

本书重点研究了层状纳米粒子——蒙脱土和石墨烯的有机改性及有机化蒙脱土、功能化石墨烯、高聚物——聚偏氟乙烯与聚苯硫醚的熔融共混复合与性能分析，且基于熔融纺丝法制备聚苯硫醚基复合熔融纺丝纤维并提出层状纳米颗粒改善聚苯硫醚纤维耐氧化性能的作用机理。本书的研究成果为利用无机纳米粒子改善聚合物耐氧化性能、开发新型高效长效耐氧化聚苯硫醚纤维提供了明确的理论基础和研究思路，并对其他聚合物和纤维的耐氧化改性提供理论基础和参考依据。

本书可供聚苯硫醚纤维相关产业尤其是化学纤维和高温滤料领域等相关专业的研究人员借鉴、参考，同时也可供纺织、非织造和高分子材料等专业的老师和学生使用。

图书在版编目（CIP）数据

耐氧化聚苯硫醚纤维的制备及其结构与性能 / 邢剑著 . -- 北京：中国纺织出版社有限公司，2021.5
ISBN 978-7-5180-8391-6

Ⅰ.①耐… Ⅱ.①邢… Ⅲ.①纺织纤维—复合纤维—研究 Ⅳ.① TS102.6

中国版本图书馆 CIP 数据核字（2021）第 047684 号

责任编辑：苗 苗 金 昊 　　特约编辑：符 芬
责任校对：楼旭红 　　　　　　责任印制：王艳丽

中国纺织出版社有限公司出版发行
地址：北京市朝阳区百子湾东里 A407 号楼　邮政编码：100124
销售电话：010—67004422　传真：010—87155801
http://www.c-textilep.com
中国纺织出版社天猫旗舰店
官方微博 http://weibo.com/2119887771
唐山玺诚印务有限公司印刷　各地新华书店经销
2021 年 5 月第 1 版第 1 次印刷
开本：787×1092　1/16　印张：9.5
字数：210 千字　定价：78.00 元

前言

　　聚苯硫醚（PPS）是一种具有优异的耐化学腐蚀性、良好的热稳定性、优良的机械性能及高性价比的半结晶型高性能热塑性材料，由PPS制备的过滤材料广泛应用于高温烟气粉尘过滤等领域，但PPS较差的抗氧化性能严重制约了PPS滤料的使用寿命，因此，提升PPS耐氧化性能是环保领域的迫切要求，具有重要的科研意义和实用价值。

　　目前，国内外学者针对PPS树脂的氧化作用机理进行了系统研究，发现PPS的氧化过程主要是PPS分子链中的某些链节发生氧化交联反应，且高温或强酸会引起分子链中C—S键断裂，空气中的氧气会进一步作用破坏PPS，形成SO_2、CO_2等气体放出，同时生成二苯醚及其他化合物。基于PPS树脂的氧化机理，目前PPS的耐氧化改性的主要方法有表面成膜法和共混添加法。表面成膜法制备工艺简单，但存在处理液成膜不均匀、保护膜易破损剥离使被喷涂滤料性能下降、生产成本高等缺点，因此，其实际应用也存在较大的限制。

　　共混添加纳米粒子虽然存在纳米粒子易团聚、相容性差、抗氧化性能弱和抗氧化机理不明确等缺陷，但其制备工艺简单、高效、无污染且成本低廉，同时，抗氧化效果稳定、时效长，避免了直接添加抗氧剂和表面成膜法产生的不利影响，近年来受到了广泛的关注。在共混添加的纳米粒子中，层状纳米粒子因其显著的阻隔屏蔽作用可以改善PPS树脂及纤维的耐氧化性能，降低PPS材料因氧化造成的力学性能损失，在PPS树脂的耐氧化改性中引起了研究者的关注。

　　基于此，本书利用层状纳米颗粒——蒙脱土（MMT）和石墨烯微片

（GNPs）以及高聚物——聚偏二氟乙烯（PVDF）代替传统的抗氧剂对PPS
进行耐氧化改性探讨，并对不同复合体系的PPS基复合材料的形态结构与性
能进行了系统的研究与分析，在此基础上提出层状纳米颗粒改善PPS树脂耐
氧化性能的作用机理，为提高PPS的耐氧化能力和开发新型的耐氧化PPS滤
料提供理论基础和科学依据。本书的研究工作主要包括以下几项。

（1）利用有机改性剂对MMT进行有机改性，提高其和PPS树脂的相容
性，测试筛选获得层间距大且热稳定性良好的有机改性蒙脱土（Bz–MMT），
利用熔融插层法与PPS熔融共混制备PPSBM$_x$纳米复合材料，研究发现不同
Bz–MMT含量的PPSBM$_x$纳米复合材料可形成剥离型、插层型或两者共混的
结构；添加少量的Bz–MMT即可显著改善PPS的力学拉伸性能，且可以促进
PPS基体结晶、提高结晶度和改善PPS基体的结晶完整度。同时，添加Bz–
MMT也显著提高了PPS基体的耐热指数温度（T_{HRI}），PPS的耐热稳定性得到
显著改善；耐氧化测试表明PPSBM$_x$纳米复合材料经氧化处理后的拉伸强度
保持率高于纯PPS树脂，且添加Bz–MMT可在氧化处理过程中促使PPS分子
链中亚砜基转变为砜基形成类聚芳硫醚砜结构，显著改善PPS基体的抗氧化
能力。

（2）利用不同的功能化修饰剂对GNPs进行功能化修饰，通过热稳定性
测试分析筛选得到热稳定性优良的功能化石墨烯（BGN），然后利用熔融共
混法与PPS制备PPSBG$_x$纳米复合材料，并对复合材料的形态结构和性能进
行系统研究，研究发现添加少量的BGN可以获得剥离型纳米复合材料，当
BGN的含量增大时会产生团聚；添加少量的BGN也可以显著提升PPSBG$_x$纳
米复合材料的力学拉伸性能，且可促进结晶，增大结晶度和减少PPS基体结
晶不完善部分。同时，添加BGN也显著提高了PPS的T_{HRI}；耐氧化性能测试
表明PPSBG$_x$纳米复合材料经氧化处理后的拉伸强度保持率也高于纯PPS树
脂，且添加BGN也可在氧化处理过程中促使PPS分子链中亚砜基转变为砜基
形成类聚芳硫醚砜结构，改善PPS基体的抗氧化能力。

（3）基于Bz–MMT和BGN两种层状纳米颗粒改善PPS抗氧化性能的测试
分析，提出层状纳米颗粒改善PPS抗氧化性能的理论模型假说，一方面，层
状纳米颗粒促进PPS结晶提高结晶度，改善PPS的结晶完整程度，减少结晶
缺陷，同时，加之层状纳米颗粒自身的屏蔽阻隔作用，从而延缓热量、氧化
性物质及氧化产物的传递进而延缓氧化速度；另一方面，添加层状纳米颗粒
可在氧化处理过程中促进PPS分子链中S元素转变为砜基，形成结构稳定的
类聚芳硫醚砜保护层延缓PPS基体内部的进一步氧化。

（4）利用高聚物PVDF与PPS熔融共混制备PPS/PVDF共混物，并对共

混物的形态结构与性能进行了系统研究，研究发现PPS相与PVDF相的相容性较差，PVDF相以球形颗粒分散在PPS相中，PPS/PVDF共混物形成"海岛"结构；添加低含量的PVDF可显著提升PPS基体的力学拉伸性能，并可以提高PPS的结晶速率且改善PPS的结晶完整度，而PPS会促进PVDF的α晶相向β晶相转变。同时，较低含量的PVDF可显著改善PPS的耐热稳定性，抗氧化性能测试表明添加PVDF可在PPS熔融加工阶段显著降低PPS的氧化程度。

（5）利用自制纺丝设备通过熔融纺丝法制备PPSBM$_x$基和PPSBG$_x$基复合熔融纺丝纤维，并对熔融纺丝纤维的形态结构、线密度、结晶度、拉伸性能和抗氧化性能进行系统研究，研究表明PPS基复合熔融纺丝纤维表观形态良好，表面光滑，纤维线密度差异小；添加Bz-MMT和BGN可提高熔融纺丝纤维的结晶度和取向度，进而提高了熔融纺丝纤维的拉伸强度。同时，PPS基复合熔融纺丝纤维经热处理后，熔融纺丝纤维发生再结晶导致纤维断裂强度得到提升，抗氧化性能测试表明PPS基复合熔融纺丝纤维经过氧化处理后的纤维断裂强度保持率均高于纯PPS熔融纺丝纤维，Bz-MMT和BGN的添加能显著改善PPS基熔融纺丝纤维的抗氧化性能。

本书的相关研究工作得到了江南大学纺织服装学院邓炳耀教授等专家、学者的大力支持与帮助。同时，感谢安徽省自然科学基金青年项目（1908085QE181）、安徽省高校自然科学研究项目（KJ2019A0154）、生态纺织教育部重点实验室开放基金（KLET1712）、安徽工程大学国家自然科学基金预研项目（2019yyzr02）对本书的资助。

由于作者水平有限，书中难免存在疏漏与不妥之处，恳请广大读者不吝赐教，容后改进。

著者

2020年11月

目录

第一章

绪　论

目前，环境问题已成为人类社会所面临的最严峻挑战之一，特别是在传统能源和化工产业占经济比重较大的国家和城市，环境问题俨然已成为国家和城市可持续发展的最大障碍。其中，大气污染和水污染也是我国城市和地区发展中的首要和主要污染，并能对人体健康产生最直接和最快速的危害。近几年来，我国雾霾问题尤其突出，多地空气重度污染时长屡创新高，$PM_{2.5}$逼近极值，严重威胁人民群众正常的生产和生活。治理雾霾的主要手段之一就是"减排"，同时也要对重点排放领域的燃煤电厂、水泥厂、垃圾焚烧厂等工业废气进行除尘和脱硫脱硝来减轻其危害[1-2]。目前，降低工业烟尘排放的重要手段之一是采用耐高温滤料除尘，它是工业烟尘控制的关键核心材料，其性能决定着烟尘排放浓度和治理能耗，因此，高效稳定的耐高温过滤材料得到了快速发展与广泛应用。

聚苯硫醚（PPS）作为一种具有优良的耐化学腐蚀性、热稳定性、力学性能及较高性价比的新型高性能热塑性材料，其制备的过滤材料被广泛应用于高温烟气粉尘过滤领域[3-7]。Genversse[8]早在1897年就利用硫黄和苯在$AlCl_3$催化作用下合成制备出PPS树脂，在此之后，许多学者开始研究PPS的工业化合成路线。Macallum[9]在1948年利用硫黄、对氯二苯和碳酸钠通过高温高压熔融缩聚方法合成制备PPS树脂，但合成物成分复杂，分子链中含有多硫结构，重复性差，难以工业化生产。Handtouits和Lenz[10]在1960年利用卤代硫酚盐的自缩聚合成制备PPS树脂，但因其生产工艺复杂、原料价格昂贵且有毒而没有实现工业化。直到1967年，美国Phillips公司的Edmond和Hill[11]利用对氯二苯和硫化钠在极性有机溶液中直接缩聚合成PPS树脂，实现PPS树脂的工业化生产。

当1985年Phillips公司的专利失效后，PPS迎来了高速发展期，尤其是成功合成和商业化线型高分子量PPS树脂后，可以直接利用线型PPS树脂生产制备纤维和薄膜，使PPS的应用范围得到进一步扩展。目前，PPS纤维制备的袋式除尘器在高温烟尘过滤领域所占据的份额快速增长[12-14]。但需要指出的是PPS因自身结构易被氧化，在实际高温过滤使用环境中，高温烟尘中含有的氮氧化合物和硫氧化合物以及高温氧气的共同作用，PPS纤维易氧化断裂，导致滤袋受损影响过滤，使用寿命缩短，同时，也增加企业生产成本[15]，因此，对PPS树脂及其制品进行耐氧化改性具有广阔的应用前景和重要的科研意义。

第一节　聚苯硫醚结构及性能

一、聚苯硫醚分子结构

聚苯硫醚（Polyphenylene sulfide，PPS），化学名称为聚次苯基硫醚，是一种综合性能优异的耐高温热塑性工程树脂。其分子链是由苯环在对位接硫原子交替排列而成的刚性分子链，化学结构式为$\left[\bigcirc-S\right]_n$。因PPS分子结构上具有大量的共轭大 π 键，所以性能十分稳定，同时，分子链上大量苯环的存在为PPS大分子提供良好的刚性与耐热性，而硫醚键又使PPS大分子具有一定的柔顺性，且苯环的刚性结构与柔性的硫醚键交替相连，使PPS大分子构造对称规整，同时结晶度较高，因此，PPS树脂具有优异的综合性能。

PPS树脂因其分子结构排列可分为线型、交联型和超支化型三种[16-17]，结构不同则用途也不尽相同。通用级PPS树脂的相对分子质量较低，因此，流动性好，但只能用作涂料，经过热氧交联后，其相对分子质量会增大，流动性变差，可以用作塑料；交联型PPS的大分子主链上含有支链并且有交联，流动性较差，仅适合用作塑料；高分子线型PPS因其线型结构且流动性好，同时可直接加工处理，所以既可以用作塑料，还可用来直接制备纤维和膜等材料，其应用范围最广；而超支化型则是近十几年来新合成的一种PPS，因其特殊的结构而易溶于有机溶剂，主要应用于线型PPS的改性。PPS的不同分子结构如图1–1所示。线型PPS树脂因优良的可加工性及用途的多样性，在国防军工、航空航天、机械仪表、汽车制造、电子电器及纺织等领域得到广泛应用，尤其是PPS纤维制品在高温烟尘过滤、化学腐蚀品过滤及隔热保温材料等领域占有较大的比重，也是各国研究者的重点研究对象。

二、聚苯硫醚晶型结构

PPS的晶型结构为正交单元晶胞（a=0.867nm，b=0.561nm，e=1.026nm），其中包括四个单体胞，PPS分子链中的硫原子以锯齿型排列在平面（100）上，C—S—C键间的夹角为

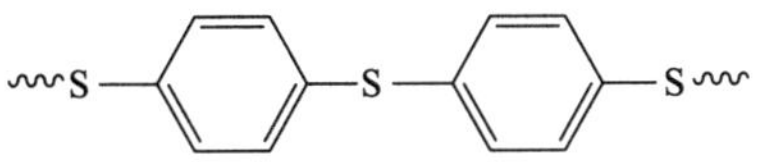

（a）线型PPS

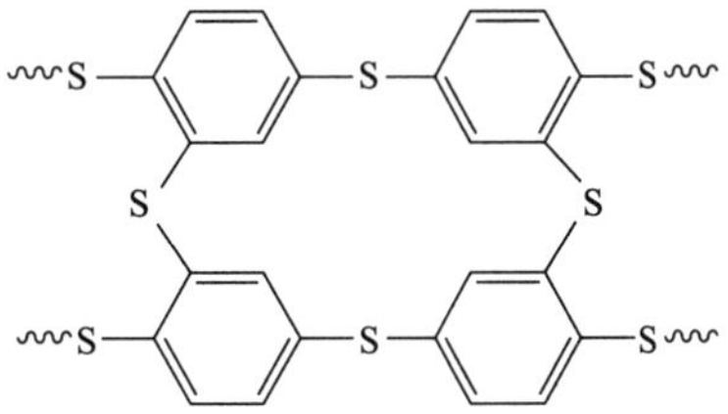

（b）交联型PPS

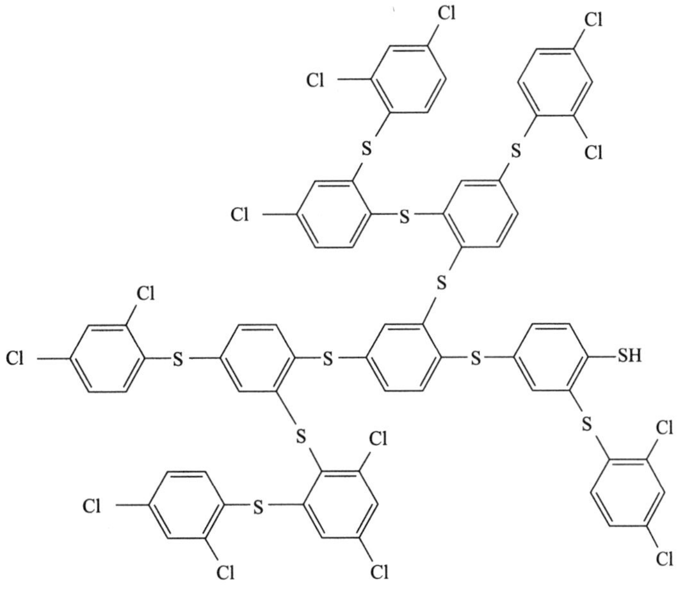

（c）超支化型PPS

图1-1　PPS的不同分子结构

110°，相邻两个苯环与（100）晶面成 ±45°交替排列[12]。PPS作为半结晶性高聚物，其结晶度会极大影响树脂、纤维和复合材料的性能；交联型PPS的结晶度最高可达65%，线型PPS的结晶度最高可达70%，而经过拉伸和退火处理的PPS纤维的结晶度最高可达80%。

三、聚苯硫醚性能特点

PPS树脂是一种呈白色或近白色的半结晶性热塑性高性能聚合物，结晶度可达60%~70%，密度为1.34g/cm³，熔点在280~290℃，玻璃化转变温度在90℃左右，空气中分解温度高达430~460℃，同时，200℃以下不溶于任何有机溶剂[18]；具有较高的强度、模量及优良的尺寸稳定性，蠕变小，抗辐射能力强，是继聚碳酸酯（PC）、聚酰胺（PA）、聚甲醛（POM）、聚苯醚（PPO）后的第六大通用工程塑料及性价比最高的耐高温特种工程塑料[18-20]。

（一）耐热稳定性

PPS树脂是热塑性树脂中热稳定程度最好的树脂之一，其热稳定性与聚酰亚胺（PI）和聚四氟乙烯（PTFE）相当。聚合物的热稳定性可通过高温时聚合物的分子尺寸、力学性能及自身质量损耗等方面来表现，因此，可通过测定PPS高温时的力学性能和质量损耗来确定PPS的热稳定性。PPS的熔点高达280~290℃，高于目前其他可进行熔融纺丝的树脂；在空气氛围下430~460℃以上才开始分解，氮气氛围中500℃以下基本无质量损失，1000℃下仍能保持原质量的40%；PPS树脂与玻璃纤维复合增强后，其热变形温度可高达260℃，可在220~240℃高温下长期使用，瞬时使用温度最高可达260℃；PPS纤维及其制品也可在180~200℃下长期使用，瞬时使用温度可达240℃；PPS复丝在200℃高温处理54天后仍能保持强度基本不变，断裂伸长率仍可达到初始断裂伸长率的一半，可见PPS耐热稳定性十分优异[12, 18–20]。

（二）耐化学腐蚀性

PPS是由对苯疏基结构单元构成且结晶度高，其耐化学腐蚀性优异，接近PTFE树脂的性能。PPS能够被强氧化性无机酸，如浓硫酸、硝酸和王水等腐蚀，但可免受其他酸、碱和盐的腐蚀，同时，PPS在200℃下几乎不溶于任何化学溶剂，仅对甲苯和氧化性溶剂的耐化学腐蚀性较弱，因此，PPS纤维及其制品可用于较为恶劣的环境，特别是在高温烟尘过滤及化学品过滤等环保领域有着无可比拟的优势。但需要指出的是，PPS因其自身结构原因导致对游离的氟、氯、溴等卤素和硝酸、浓硫酸、王水、铬酸、次氯酸等强氧化性溶剂的耐化学腐蚀性较差，因这些溶剂可破坏PPS分子链上的C—S键，使苯环发生取代及S原子受到氧化[12, 19]。

（三）力学性能

交联型PPS树脂因分子链之间交联，其表现为硬而脆，只能用作塑料；而线型PPS树脂的伸长率和冲击强度有较大的提高，应主要用于制备纤维及薄膜。PPS树脂的拉伸强度可达60~90MPa，弯曲强度为90~140MPa，无缺口耐冲击强度为$1.1~9.5 \times 10^2$J/m；因PPS纤维的结晶度较高，所以其力学性能较好，PPS纤维的拉伸强度可达到3.8~4.6cN/dtex，断裂伸长率为25%~35%，同时，其尺寸稳定性良好，加工不易变形，具有良好的纺织可加工性[12]。

（四）电性能

PPS具有介电常数小及介电损耗低的特性，同时，在较大频率范围内基本无变化；PPS的电导率一般在$10^{-18}~10^{-15}$S/cm，在高真空下（1.33×10^{-3}Pa）可低至10^{-20}S/cm；PPS的电性能随温度和湿度的变化都很小，并且在很大的温度和频率范围内其介电性能都能保持稳定[6, 12]，因此，PPS可作为优良的电绝缘材料而广泛应用。

（五）阻燃性能

PPS由于分子结构中含有硫原子而阻燃性能显著，其极限氧指数可达44~53，达到UL94的V-0/5V等级，即燃烧安全性的最高等级，无需添加阻燃剂就可达到阻燃要求；PPS可在火焰上燃烧，但离火自熄并无滴落现象，自动着火温度更高达590℃；因此，PPS树脂可广泛应用于机械、电气部件安全防护罩等领域[5, 12]。

（六）其他性能

PPS与玻璃、陶瓷、铝银、不锈钢及镀铬镍等制品之间有着良好的黏合性能，加之自身良好的耐化学腐蚀性，十分适于制备化工设备的内衬；PPS也具有显著的尺寸稳定性，其成型收缩率及线膨胀系数均较小，可用于制备精密工业器件和化工设备等；PPS也具有良好的耐辐射性能，并且自身为生理惰性物质，无毒并通过美国FDA安全认证，可应用于食品加工接触[12]。

需要指出的是，PPS树脂的耐氧化（光氧化、热氧化、酸氧化）性能较差，而我国PPS纤维及其制品最常用的领域就是高温烟气过滤，其工作环境高温且含氧量高并富含氧化性物质（NO_x、SO_x等），易使PPS氧化造成PPS过滤材料的损坏，从而缩短使用寿命，同时，提高了企业的生产成本，严重影响PPS作为高温滤料在高温烟气除尘中的应用。因此，对PPS树脂及制品进行耐氧化改性是目前亟需解决的问题，也是环保领域的迫切要求，具有极其重要的学术价值和应用价值。

第二节　聚苯硫醚耐氧化改性研究进展

近几年来，我国雾霾问题严重，环境问题突出，尤其是大气污染问题严重威胁国民的生产生活安全与身体健康；我国环保标准日益严格，煤电、化工、水泥、钢铁、垃圾焚烧等领域的高温烟尘排放需要经过严格的过滤，传统的静电除尘已不能满足要求，因此，耐高温、耐腐蚀的PPS纤维制备的袋式除尘器得到快速发展和广泛应用。但是，PPS易被氧化的特性使其制备过滤材料的使用寿命远低于设计寿命，严重影响企业的生产，因此，PPS的耐氧化改性亟待解决。

PPS的分子结构决定了其易被氧化的特性，PPS分子链中的硫原子是以二价态存在的，最外层的电子并不稳定，容易形成不同的价态，同时，分子链中硫原子的电荷密度很大，反应活性也大，在热氧环境中易失去电子，与氧结合形成亚砜或砜基；PPS分子链中C—S键的键能最小，在热氧环境中最易断裂产生自由基，因此，其是PPS分子链中的薄弱环节，也是PPS耐氧化性较弱的根本原因。

PPS树脂的氧化可主要分为热氧化、酸氧化和光氧化三类，目前国内外学者的主要研究对象是PPS树脂的热氧化和酸氧化，光氧化研究较少，这也是由PPS树脂及其制品的应用领域决定的。对PPS进行耐氧化改性，就必须对其氧化机理有清晰的认知，而PPS氧化降解交联的反应机理较为复杂，国内外许多学者也对此进行了研究报道。

一、聚苯硫醚氧化交联机理研究

线型高分子量PPS树脂成功商业化之前，工业化生产的PPS树脂普遍存在相对分子质量较低的缺陷，因此，需经过热氧交联或化学交联提高相对分子质量、降低流动性以挤出造粒制备复合材料，所以，当时的PPS树脂也存在耐冲击性差、性脆的缺点[12]。当时的学者对PPS树脂的氧化交联研究主要是为了提高相对分子质量、改善性能和方便应用。

V.A.Sergeev和K.Shitikov[21-22]最先探讨了PPS在空气中的高温交联过程，认为PPS的热氧化交联主要是在苯环上发生自由基反应。R.T.Hawkins[23]等人对PPS树脂进行了化学固化研究，提出氧化交联与热交联为固化时的主要副反应，并对PPS在高温空气中（370℃、24h，260℃、16h）的热固化进行了研究，提出PPS热固化会形成芳醚单元交联结构，并不会产生羟基或者亚砜基和砜基；R.M.Black[24]等人也对PPS的交联固化机理进行了研究，认为PPS的固化机理是一个结合交联、分子链断裂和氧化反应的复合过程，而PPS深度交联则是分为分子链先失去H、再失去S、最后获得O三个阶段的固化过程；M.Park[25]分别在空气和氮气氛围中于210~250℃下对PPS树脂进行热处理，并利用差示扫描量热仪（DSC）测试分析热处理后PPS的吸、放热变化，发现仅在空气氛围下热处理过的PPS树脂有明显的放热峰，且热处理温度越高，放热峰越明显，表明PPS空气氛围下热处理会产生氧化交联；同时，还研究了热处理温度、气体氛围及树脂颗粒尺寸对PPS交联的影响，发现升高热处理温度会加速交联速率和程度，热处理温度不影响到达最大交联速率的时间，增加气体氛围中氧含量浓度也会提高PPS的交联速率和程度，PPS树脂颗粒的尺寸越小则交联反应速率越快；A. P. Gies[26]等人对线型和环状PPS树脂进行热处理并利用MALDI-TOF/TOF CID及Py-GC/MS等表征方法测试PPS分子链段的形状、构造、封端基和分子链变化，其发现PPS分子链中以P—P和P—S形式封端的链段结构总是被优先检测到，但以S—S形式封端的链段结构被次级反应抑制，PPS树脂在含氧氛围下发生交联时，氧原子与硫原子形成亚砜基官能团结合到PPS大分子主链上，同时PPS经热处理后相对分子质量会增大，这一过程包括PPS的线型链增长、氧化交联和硫苯基团的置换反应。

国内学者也对PPS树脂的氧化交联展开了较多的研究。何国仁[27]等人利用X射线衍射仪（XRD）对270℃下热处理的PPS树脂进行研究分析，发现PPS经过固相热处理会导致结晶度降低，认为其是一个包含物理变化和化学变化的复合过程：一方面，PPS大分子链在高温含氧条件下会形成1，2，4-三取代苯结构连接点；另一方面，这些连接点会在PPS树脂热处理回冷时产生空间阻碍作用，造成相关链段难以重新排入晶格，因而结晶度降低。周宇[28]等人在空气条件下对PPS树脂进行热处理，发现PPS在空气中热处理的时间越长，相对分子质量和熔融黏度会大幅增长，热稳定性会提高，其认为这主要是由链增长和热氧交联反应导致的。段涛[29]等人研究了热交联处理与PPS结晶行为间的关系，发现PPS球晶的生长速率随着热处理时间的增加呈现先增大后减小的趋势，同时，经过适当的热处理后，PPS的球晶结构会更加完善；谭世语[30]等人结合静态理论和量子化学计算法对PPS的交联机理进行研究，对PPS分子模型和自由基模型进行了量子化学计算，发现PPS分子链中C—S键键级最小，高温条件下分子链中C—S键最先断裂产生自由基，C—S键易在热氧环境下氧化形成亚砜基或砜基，PPS苯环上的C反应活性较大，苯环因此也易发生交联，在熔融加工过程中，减少PPS与O_2的接触能大幅度减小自由基反应速率，从而可以减缓PPS热交联的速度。吕亚非[31]等人分别对PPS树脂进行固相热氧化和熔体热氧化处理以研究其结构变化，发现PPS经固相热处理后结晶会完善，相对分子质量会增大，仍能保持线型结构但结晶度有所下降，而PPS熔体热处理后会形成交联网状结构，结晶度会下降甚至呈现无定形状态；张统[32]等人研究了热处理与PPS树脂结构和性能之间的联系，表明高于PPS熔点时对其进行热处理，PPS产生氧化交联或链增长，结晶度减小，而相对分子质量、韧性和延展性却得到改善。

目前，PPS树脂交联的方法主要有热氧交联和化学交联两种，并以热氧交联为主。国内外学者的研究表明，PPS树脂在150~350℃中自身会发生链扩展和交联反应，从而增大自身相对分子质量，并在不改变PPS树脂热塑性加工的前提下使得拉伸强度、模量、韧性和热稳定性得以提升，同时，在O_2氛围下交联速率会提升，其热氧交联机理如图1-2所示。

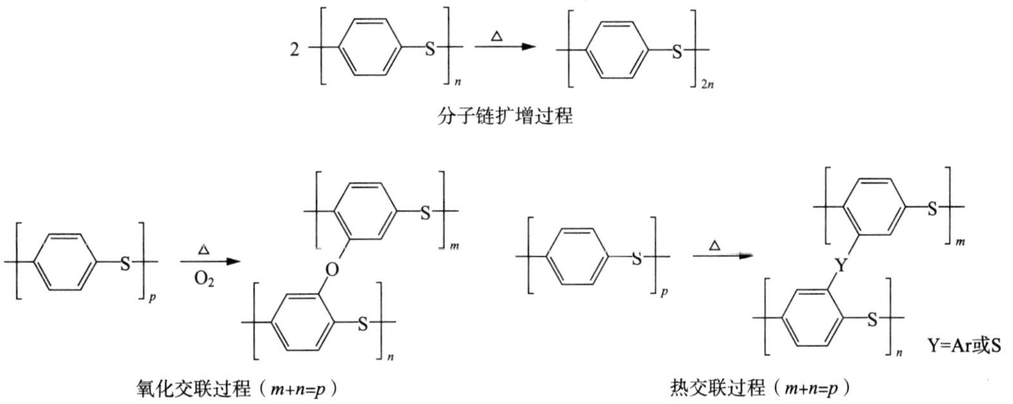

图1-2　PPS热氧化交联机理示意图

二、聚苯硫醚氧化降解机理研究

自从线型高分子量PPS树脂成功商业化以来，PPS树脂可以直接挤出、注塑加工成型并可用来制备纤维与膜，同时，韧性得到了质的飞跃，其应用领域因此得到了很大程度的扩展，PPS树脂的氧化交联也已不再是研究重点。但是PPS树脂因自身易被氧化降解而导致制品工件破坏失效的问题也引起国内外学者的广泛关注，并对其不同的氧化降解机理进行了探讨研究。

Z.Osawa[33]等人利用紫外—可见光对PPS树脂进行辐照，探讨PPS树脂的光氧化降解机制，研究发现随着PPS树脂在紫外—可见光下的辐照时间越长，PPS颜色就会变得越黄；同时对紫外线的吸收也会增加，不溶于1-氯萘的PPS部分也增加，结晶度却变小，表明PPS在光照下发生氧化交联，PPS的红外光谱图上出现了羟基及亚砜基基团的吸收峰，苯环的对位取代峰也变成了1，2，4-苯环三取代物的吸收峰。他们认为PPS树脂的光氧化降解机制包含以下几个阶段：PPS分子链中的C—S键最先发生裂解，产生带有不同端基的自由基引发自由基反应，同时形成联苯结构和二硫化物结构；然后过量的S原子会捕获H原子形成巯基，或者吸收O原子形成亚砜基和砜基，同时O原子也可以与亚苯基自由基结合形成酚类、羰基等化合物；Phillips Petroleum公司的P. K. Das[34-35]等人利用激光及紫外线对PPS光氧化降解进行研究分析，研究发现PPS在激光纳秒闪光照射下，C—S键会光致断裂，PPS在紫外线照射下，其颜色会变黄加深，同时表面会发生氧化，红外吸收光谱和紫外吸收光谱也发生变化，并且在热的氯萘溶液中，其溶解度会发生部分损失，并通过分析发现PPS在光降解下，大分子链发生交联而不是断裂。

杜宗英[36]等人利用傅里叶变换红外光谱仪对PPS的热氧化降解反应进行测试研究，发现PPS红外光谱上有烷醚键的伸缩振动吸收峰和1，2，4-三取代苯环的面外变形振动吸收峰，其认为PPS大分子链中的一些链节会发生氧化交联反应形成醚氧桥键结构，使PPS刚性提高，同时，S原子易发生氧化形成COS，并放出CO_2或CO，破坏PPS分子链；陈亮[37]等人则利用热裂解红外光谱法对PPS的氧化热裂解过程进行定性研究与探讨，他们认为在空气氛围中高温处理PPS，会使分子链中的一些链节发生氧化交联反应，同时高温会造成PPS分子链中C—S键断裂，空气中的O_2也会进一步破坏，并产生SO_2、CO_2等气体释放，还形成二苯醚及其他化合物；古昌红[38]等人也利用红外光谱仪对螺杆挤出机挤出前后的PPS结构进行测试研究，探明挤出前后PPS树脂的基本结构没有明显变化，但挤出后的PPS树脂的亚砜基伸缩和弯曲振动峰以及芳醚键伸缩振动峰都明显增强，表明PPS树脂经过螺杆挤出机的高温熔融挤出后氧化程度增强，PPS原树脂对位取代苯环处的弯曲振动峰变为挤出后PPS的三取代苯环弯曲振动峰；李文刚[39]等人也是利用红外光谱仪对在280~330℃不同温度下热处理的PPS树脂的结构变化进行测试分析，发现热处理后PPS的红外光谱中出现了1，2，4-三取代苯环特征吸收峰，并且C—S键和亚砜基的伸缩振动峰发生蓝移现象，表明热处理后的PPS树脂在苯环上发生了氧化交联；李慧[40]等人则是利用热失重分析仪对PPS纤维在空气和N_2两种氛围下的失效过程和动力学参数进行测试分析，发现PPS纤维在两种氛围下均表现出两步失重曲线，且初始分解温度接近，但PPS纤维在空气氛围下分解速率快且终止分解温度也较低，研究认为是由于PPS纤维与O_2发生氧化降解反应所致，他们还通过Coats-Rediern方法对两种氛围下的PPS纤维完全失效阶段的活化能和热分解动力学参数进行计算研究，发现PPS纤维在空气氛围下是发生三级反应，而在氮气氛围下是发生一级反应，且空气氛围下的反应活化能是N_2中的2~3倍，认为通过控制温度变化可以减缓PPS在空气中的氧化速率。

国内外学者对PPS纤维及其制备的滤料的酸氧化失效情况也进行了研究分析。T. Winyu[41]等人对PPS滤袋在强氧化酸条件下的氧化降解进行研究，表明PPS对盐酸和硫酸有优越的耐酸性，而硝酸能引起PPS滤袋明显的降解；当暴露在高浓度的硝酸溶液中，PPS滤料的强度明显减弱并且性质发生变化；同时，三种酸的二元或三元混合物比单一酸有更强的氧化降解作用，研究发现PPS在90℃的硝酸溶液中暴露100h后，剩余PPS结构中的碳原子比例与硝酸浓度存在线性关系。T. Winyu[42]等人也研究了PPS滤袋在高温NO和O_2气体中的降解，研究发现，PPS针刺非织造材料力学性能的变化与两类现象有关，即无定形区和部分结晶区的结晶与降解，这两个过程互相作用影响材料的断裂强度。材料的强度与结晶度之间的关系可分为两个阶段：一个阶段是结晶度主导材料的强度，另一个阶段是材料强度取决于无定形区以及部分结晶区的晶格缺陷。氮氧化物（NO）浓度的增加可能潜在增加纤维无定形区和结晶区的退化率，但对结晶过程没有影响。氧气（O_2）浓度的增加导致结晶化和退化两种过程速率的提高。郑奎照[43]等人研究分析了燃煤烟气对PPS过滤材料的影响，发现燃煤烟气中的氧化性气体（SO_3，SO_2，NO_2等）会与水蒸气发生作用形成酸雾，当温度较低时，酸雾会在纤维表面凝结形成酸露，对PPS纤维表面造成严重的氧化腐蚀，使纤维断裂，滤料的强度下降，使用寿命缩短；H. C. Wang[44]等人也对PPS滤料的氧化和酸腐蚀问题进行了研究分析，发现PPS滤料氧化腐蚀的程度与O_2含量和温度呈正相关，经氧化腐蚀的PPS纤维表面出现裂纹且滤料的整体强度下降明显，同时EDS的扫描测试发现PPS滤料上的S元素含量降低，而O元素含量增加，并且PPS分子链上出现了N和F元素，表明PPS滤料发生了氧化降解反应。

综上所述，PPS树脂及其制品发生氧化降解反应时，氧化交联反应也会同时伴随发生，因此，PPS的氧化降解是一个极为复杂的过程；PPS的氧化降解主要是造成PPS大分子链断裂并伴随发生交联现象，宏观表现为PPS纤维断裂，滤料变脆发硬、出现破损、使用寿命缩短。PPS的氧化降解机理基本如图1-3所示。

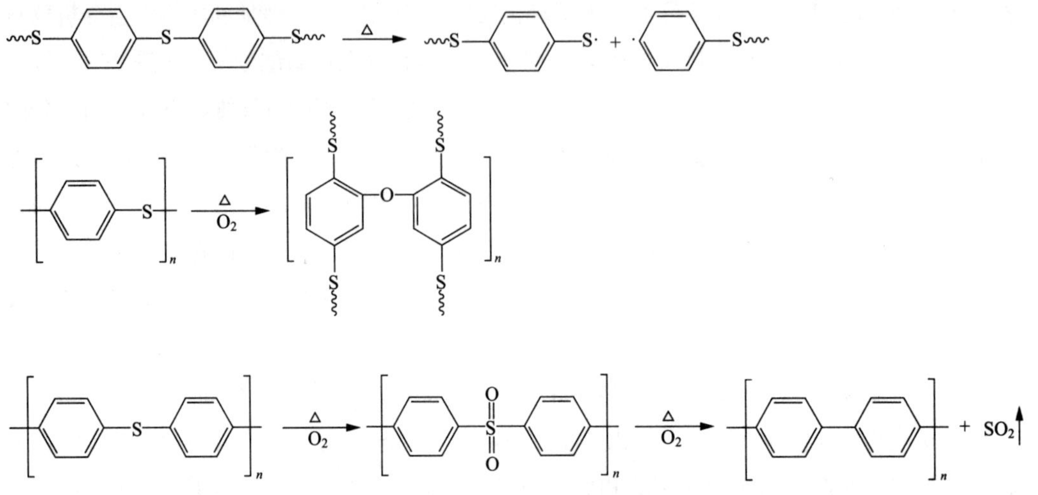

图1-3　PPS热氧化降解机理示意图

三、聚苯硫醚耐氧化改性研究

　　基于PPS树脂的氧化降解交联机理，已有少量学者对PPS的耐氧化性进行了研究，目前，主要应用的改性方法有直接添加法和表面涂覆法。直接添加法是在PPS树脂中直接添加抗氧剂或纳米颗粒，如直接将抗氧剂（受阻酚型、芳胺叔胺型、链终止型、亚磷酸酯型等抗氧剂）通过熔融共混直接添加到PPS树脂中[45-50]，或直接将纳米颗粒（蒙脱土、碳化硅、二氧化硅、炭黑等）利用熔融共混直接添加到PPS树脂中[51-54]，或将抗氧剂和纳米颗粒同时直接添加到PPS树脂中[55, 56]。

　　现阶段，大部分研究主要是直接将耐氧化剂添加到PPS树脂中进行熔融共混来改善耐氧化性。T.Sugama[45]将四［β-（3，5-二叔丁基-4-羟基苯基）丙酸］季戊四醇酯（TMBHM）、4，4-双（二甲苯甲基）二苯胺（BDDA）和亚磷酸三（2，4-二叔丁基苯基）酯（TTBH）三种抗氧剂直接添加到PPS涂料中，研究涂料在200℃酸性湿热环境下的耐氧化作用，发现TMBHM的添加可以使PPS涂料在200℃，pH=1.6的环境下仍能保持较高的性能，有效延缓砜基和磺酸基的形成，BDDA的耐氧化效果较次之，而TTBH几乎对改善PPS涂料的耐氧化效果没有作用；J. D. Nam[46]等人则利用马来酸酐（MAH）对ABS（丙烯腈/丁二烯/苯乙烯）共聚物进行化学改性得到改性ABS（MABS），然后添加到PPS基体中制备出PPS/MABS，发现PPS与MABS间产生较强的相互作用，且PPS/MABS共混高聚物只有一个T_g，热稳定性优于PPS/ABS共混物；祝万山[47]等人通过添加改性剂（链终止剂，过氧化物分解剂及弱键屏蔽剂）的复合配方来制备耐氧化PPS纤维；刘婷[48]等人使用1.5%光稳定剂苯并三唑或纳米TiO$_2$或两者复配体系与PPS熔融共混纺丝，制得改性PPS纤维，并研究改性材料的添加对共混PPS纤维的力学性能、耐热性能以及光稳定性的影响，结果表明：添加苯并三唑和纳米TiO_2不影响PPS纤维的耐热性能，但能促进PPS的结晶，改善PPS纤维力学性能，减小PPS纤维色泽变化程度，抑制发色基团产生；侯庆华[49]等人将链终止型抗氧剂AO1179或抗氧剂AO110中的一种或两种并辅以增韧剂和分散偶联剂添加到PPS树脂中制备PPS耐氧化切粒，然后利用熔融纺丝制备PPS纤维，发现改性的PPS单丝抗氧性能增强，PPS单丝的使用寿命延长；万继宪[50]分别将抗氧剂4426、B215、C206和蒙脱土添加到PPS树脂中来改善其耐氧化性，发现抗氧剂对提高PPS的热稳定性有一定的作用，同时，蒙脱土的添加可大幅度提高耐氧化性能，氧化诱导温度得到提高，并与添加抗氧剂的效果类似。

此外，也有部分学者利用直接添加无机纳米颗粒来改善PPS耐氧化性。T.Sugama[51]曾利用硬脂胺改性MMT并加入PPS基体中，制备PPS/MMT复合材料，研究表明，MMT的添加提高了PPS的熔点40~290℃，增加了PPS的结晶性能，PPS的耐氧化性得到一定程度改善，但改性蒙脱土的热稳定性较差，分散效果也不理想，从而影响复合材料整体性能；T.Sugama[52]等人还将SiC、钙铝酸盐（ACA）等填料添加到PPS涂料中以提高耐氧化性能，研究发现PPS涂层的使用温度提高到200℃；盛向前[53]等人则是将SiO_2熔融共混添加到PPS树脂中并通过熔融纺丝制备耐热PPS基复合熔融纺丝纤维，结果表明，SiO_2/PPS纤维耐热性得到改善且强度热损失率减小，使用温度提高了60℃；王升[54]等人则将炭黑添加到PPS树脂中并采用熔融纺丝法制备耐氧化PPS纤维，并对PPS熔融纺丝纤维的取向、结晶和热性能进行测试分析，发现炭黑可捕捉PPS在氧化过程中产生的游离自由基，终止PPS大分子链的氧化连锁反应，可有效提高PPS的光稳定性。

还有部分学者则是将有机抗氧剂和无机纳米颗粒联用共同添加到PPS基体中或者在PPS纤维表面涂覆处理液来改善耐氧化性。祝万山[55]等人在PPS树脂中添加抗氧剂4426-S、纳米蒙脱土（MMT）以及钛酸酯偶联剂制备PPS耐氧化母粒，再与纯PPS树脂熔融共混纺丝制备耐氧化PPS纤维，发现抗氧剂4426-S对PPS大分子具有过氧化氢分解剂和链终止剂的作用，并将PPS纤维的使用温度提高至260℃；张须臻[56]等通过添加光稳定剂苯并三唑、纳米TiO_2以及钛酸酯偶联剂制备抗紫外线PPS纤维，发现能有效降低PPS纤维在紫外线光照前后的色度变化程度，同时，能改善光照前后纤维的力学性能保持程度。

表面涂覆法是指将抗氧剂和纳米颗粒配制成表面处理液，通过浸渍或喷涂的方法在PPS纤维或非织造材料表面涂覆处理液形成保护层。已经有学者对PPS纤维或制品进行表面涂覆等后整理来提高PPS的耐氧化性能。陈新拓[57]等人首先利用抗氧剂和无机颗粒等制成表面处理液，再通过浸渍或喷涂的方法将处理液涂覆在PPS纤维表面，获得具有耐氧化保护层的PPS纤维，耐氧化保护层可有效改善PPS纤维在高温富氧条件下的使用寿命，同时还能进一步提高PPS纤维的阻燃性、耐氧化性、耐高温及耐酸性；余琴[58]等人研制SiO_2/PTFE复合整理液并对针刺PPS滤料进行后整理，研究表明，经过复合液整理后PPS非织造布的耐磨性、过滤效率及耐高温性都有显著提高。

目前，学者对PPS树脂的耐氧化改性可使PPS的耐氧化性能得到一定程度的提高，因改性方法不同，所以其耐氧化机理也不同，同时，耐氧化改性研究中仍存在许多问题。PPS因其独特的结构性能和苛刻的加工条件导致PPS树脂耐氧化改性的主要方法是熔融共混改性。而大部分抗氧剂的耐热稳定性差、分解温度低，在熔融共混过程中就降解失效难以发挥耐氧化作用；并且多数抗氧剂为小分子聚合物，相对分子质量较低，挥发性强，导致其与PPS树脂高温熔融加工时易挥发，难以发挥耐氧化作用；此外，多数抗氧剂还存在易迁移析出的特性，抗氧剂在PPS树脂中的扩散迁移会使抗氧剂析出到PPS树脂或纤维表面，导致PPS在使用和储存过程中耐氧化性能失活失效，还会严重限制PPS的适用领域。添加的抗氧剂也必须和PPS树脂有着良好的相容性，否则，不仅出现析出现象，还会产生结构缺陷，严重影响PPS的物理性能；而且，目前的抗氧剂大多数是相对分子质量不大的有机化合物，其极易溶解于多数有机溶剂中，耐抽出性较差，无法满足PPS应用于湿法过滤中的要求。因此，筛选出符合PPS树脂熔融共混改性加工要求的耐氧化剂难度极大，而使用抗氧剂复配体系对PPS树脂的影响较为复杂且并不能杜绝前面所述问题，这也是直接利用抗氧剂改性PPS的难点。

表面涂覆法存在处理液成膜不均匀、保护膜易破损剥离、被喷涂滤料性能下降、生产成本高等缺点，因此，其实际应用存在较大的限制。

直接添加纳米颗粒到PPS树脂中，尽管存在纳米颗粒易团聚、难均匀分散等缺陷，但制备工艺简单、高效、无污染和成本低廉，同时，抗氧化效果稳定时效长，避免了直接添加抗氧剂和表面涂覆法产生的不利影响，还可以提升PPS的整体性能，近年来，受到了广泛的关注。其中层状纳米颗粒（蒙脱土、石墨烯等）因其显著的阻隔屏蔽作用在PPS树脂的耐氧化改性中得到了较为广泛的应用[50-55]，可以显著提高PPS树脂及纤维的耐氧化性能，降低了因氧化造成的力学性能损失。

第三节　纳米颗粒改性聚苯硫醚研究进展

聚合物改性通常可分为化学结构改性和共混改性两种方法。共混改性又可分为物理共混和化学共混两类，物理共混包括聚合物熔融状态下的机械共混、溶液共混和乳液/悬浮液共混，化学共混包括溶胀聚合、核壳型乳液聚合和互穿网络技术等。化学结构改性通常耗时长，耗资昂贵，同时技术难度也很大，而共混改性技术难度相对小，简单方便和有效[12]。PPS的改性也主要是利用物理共混改性的方法，物理共混一般不涉及化学反应，只利用剪切、扩散和对流等作用实现混合及分散的目标，但实际情况中，物理共混过程中也会伴生化学共混。PPS因自身结构特点在200℃下几乎不溶于任何溶剂，所以，溶液共混方法难以应用于PPS共混物的制备，目前，熔融共混已成为PPS共混物制备的最简单有效且最为广泛的方法，其制备过程简单方便且无污染。

无机纳米颗粒根据其分散相可达到纳米尺寸的维数可分为三种：第一种是以几纳米厚、几百到几千纳米长和宽的片层分散于基体中，只有一维尺度在纳米量级以内的层状纳米颗粒，如层状硅酸盐、石墨烯等；第二种是两维的尺度在纳米量级以内而第三维尺度很大的无机颗粒，如碳纳米管、纳米银线、纤维素晶须等；第三种则是三维尺度都在纳米数量级以内的无机颗粒，即球状纳米颗粒，如纳米碳酸钙、二氧化硅、富勒烯等。

层状纳米颗粒具有极高的比表面积和优异的屏蔽阻隔性能，本书也主要对第一类层状纳米颗粒进行讨论，重点对蒙脱土和石墨烯两种层状纳米颗粒对PPS熔融复合改性进行研究。目前，利用纳米颗粒对PPS树脂进行共混改性主要是对其增强增韧，提高润滑性及耐磨性，改善电性能和赋予其特殊性能[59-63]，而关于改善PPS树脂耐氧化性能的研究十分稀少。

一、蒙脱土改性聚苯硫醚研究

（一）蒙脱土结构与性能

蒙脱土（MMT）为2:1型的含水层状硅酸盐黏土，属于单斜晶系，单位晶胞是由两层硅氧四面体中间夹一层铝（镁）氧八面体组成，八面体与两层四面体通过共用氧原子联结在一起形成单元晶层。蒙脱土一个单元晶层的厚度约为1nm，侧面尺寸则可达30~1000nm甚至更大，单元晶层之间通过范德华力层叠堆积形成层状硅酸盐结构[64-65]，其结构如图1-4所示。蒙脱土晶层中易发生同晶置换作用即四面体中部分的Si^{4+}被Al^{3+}置换或者八面体中的Al^{3+}被Mg^{2+}、Ca^{2+}、Fe^{2+}等置换，使晶层间常带有负电荷从而吸引外部环境中的Ca^{2+}、Na^+、K^+等而达到电荷平衡，这种独特的晶体结构也赋予了蒙脱土特殊的性能，如较高的阳离子交换能力和较大的表面活性。除此之外，蒙脱土也具有其他优异的性能，如具有较强的吸水性，蒙脱土层间靠范德华力结合，因此，层间作用力较弱，水分子极易进入蒙脱土层间；蒙脱土具有很高的膨胀性，蒙脱土吸

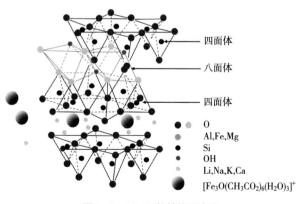

图1-4　MMT的结构示意图

四面体
八面体
四面体
O
Al,Fe,Mg
Si
OH
Li,Na,K,Ca
$[Fe_3O(CH_3CO_2)_6(H_2O)_3]^+$

水或阳离子交换后，层间会发生膨胀；蒙脱土因较高的径厚比和较大的比表面积，因此，具有很强的脱色吸附能力[66]。

（二）蒙脱土有机化改性

天然 MMT 具有亲水疏油的特性，因此，与大多数聚合物的相容性差，在聚合物基体中难以均匀分散，所以，在与聚合物的插层复合前需对其进行有机化改性，降低 MMT 的片层表面能，增强其与聚合物的亲和力，这是制备聚合物/MMT 复合材料的一个关键环节。MMT 有机改性是利用 MMT 阳离子交换的特性，有机阳离子通过离子交换反应置换蒙脱土层间原有的水合离子，从而使有机阳离子进入 MMT 层间并覆盖于片层表面，MMT 的亲油性增强，改善了 MMT 与聚合物基体的相容性，同时，插层进入的有机阳离子会在 MMT 层间以一定的方式排列，扩大了蒙脱土层间距，利于聚合物大分子链插层进入蒙脱土层间[67]。MMT 有机改性示意图如图 1-5 所示。目前应用于 MMT 有机改性的有机改性剂主要有以下几类。

1. 长链烷基季铵盐

有机阳离子长链烷基季铵盐可通过离子交换反应进入 MMT 层间并覆盖于 MMT 片层表面，使 MMT 由亲水性变为亲油性，增加 MMT 与聚合物相容性。目前，国内外常用的长链烷基季铵盐有双十八铵盐、二甲基双十四烷基苄基氯化铵、三甲基十八烷基氯化铵和十二、十六、十八烷基氯化铵/溴化铵等[65, 67-71]。

2. 偶联剂

近年来，利用偶联剂对 MMT 进行有机改性也成为研究热点，通常使用的有硅烷偶联剂、钛酸酯偶联剂、硬脂酸、有机硅等[72-73]。偶联剂可利用其有机官能团与蒙脱土片层表面进行物理吸附或者化学反应，覆盖于片层表面提高其疏水性，同时还可以联结两种性能差异较大的材料界面，提高结合强度，改善聚合物/MMT 性能。

3. 有机季鏻盐

通常使用的有四甲基溴化鏻和三甲基苯基碘化鏻等[74-75]，其改性的 MMT 与聚合物进行插层复合制备的纳米复合材料性能优异，可应用于航空航天、电子及食品包装等领域。

4. 聚合物单体

将聚合物单体作为有机改性剂直接插层进入蒙脱土层间，单体在蒙脱土片层表面直接聚合制备纳米复合材料。目前，常用的是带有苯胺结构的单体，制备的也多数是聚酰胺或聚酰亚胺/MMT 纳米复合材料[76]。

这些常用的有机改性剂可满足蒙脱土改性的一般需求，但要指出的是这些有机改性剂改性制备的有机化蒙脱土的热稳定性一般较低，一般在 200℃或以下就会分解，不能满足高温熔融插层的需要，因此，一系列新型的有机改性剂被开发合成用来制备耐高温的有机蒙脱土，如咪唑鎓盐、季鏻盐和苯并咪唑盐[77-80]等。

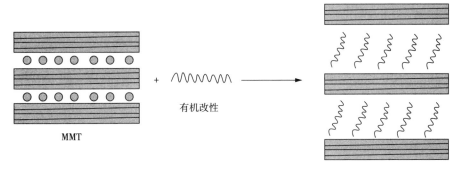

图1-5 MMT的有机改性示意图

（三）聚苯硫醚/蒙脱土纳米复合材料

聚合物/MMT纳米复合材料的制备方法基本可以分为三类，即溶液共混插层法、原位聚合插层法和熔融共混插层法。此处只对熔融插层法进行讨论，美国Cornell大学的Giannelis和Vaia[81-82]最先发现可利用熔融共混插层制备聚合物/MMT纳米复合材料。熔融插层是指高聚物在高于熔点T_m或者玻璃化转变温度T_g的温度条件下，在静止或剪切力作用下高聚物熔体直接插层进入MMT层间形成纳米复合材料。熔融插层过程中，聚合物熔体直接插层是受焓变驱动的，而聚合物大分子链和有机MMT之间的相互作用需要增强来弥补插层过程中熵的减少。插层过程中，聚合物纳米复合材料的形成取决于聚合物与MMT片层间的相互作用及聚合物分子链进入层间的能量传递，而剪切力有利于插层反应的进行，其插层过程如图1-6所示。这种方法目前已成为应用最为广泛、最具发展前景的制备聚合物/MMT纳米复合材料的方法，对于绝大多数高聚物都可以利用熔融插层法制备聚合物/MMT纳米复合材料[83-86]。其在现有共混设备（螺杆挤出机、密炼机等）上就可实行且制备工艺简单高效、成本低、无需有机溶剂和无环境污染。PPS因在200℃下不溶于任何有机溶剂，所以，PPS/MMT纳米复合材料的制备基本采用熔融共混插层的方法。

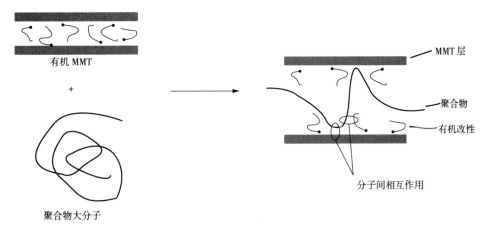

图1-6 聚合物熔融插层过程示意图

　　利用MMT与聚合物制备纳米复合材料时，尽管MMT的种类、有机改性剂、聚合物结构及插层方法不尽相同，但根据MMT在聚合物基体中的分散情况，可将聚合物/MMT复合材料分为三类：微相分离型复合材料、插层型纳米复合材料和剥离型纳米复合材料，其结构如图1-7所示。

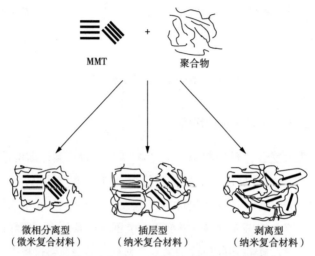

図1-7　聚合物/MMT纳米复合材料结构示意图

　　微相分离型复合材料的聚合物大分子链无法插层进入MMT片层之间，MMT片层多以片层堆积的形式分散于聚合物基体中并存在明显的相分离，其与传统的微米复合材料性能相似；插层型纳米复合材料的聚合物大分子链已经插层进入MMT片层之间，MMT的片层间距有明显的增大，形成聚合物与MMT片层交替相互的有序多层结构，MMT仍然保持重复多层的结构；剥离型纳米复合材料的聚合物大分子链插层进入蒙脱土片层之间，MMT以单个片层分散在聚合物基体之间，且MMT层间距与聚合物的回转半径相当。同时，剥离型纳米复合材料又可分为有序型剥离和无序型剥离纳米复合材料，有序型复合材料中MMT片层在聚合物基体中仍以一定的有序性分散，其结构与插层型纳米复合材料类似，但其层间距却与聚合物回转半径相当，在复合材料的X射线衍射图上仍能观察到MMT的衍射峰；而无序型纳米复合材料中MMT片层则是完全无序的分散，有序结构不再存在，因而观测不到MMT的衍射峰。实际生产制备聚合物/MMT复合材料过程中，很难制备出单一的插层型或剥离型纳米复合材料，通常是多种结构都有的混合材料。

　　PPS树脂的一个显著特点就是高熔点（280~300℃）和高加工温度（300~350℃），利用有机MMT与PPS树脂熔融插层复合制备纳米复合材料对有机MMT的耐热稳定性有很高的要求，而最常用的商业化有机改性剂，如长链烷基季铵盐却基于Hoffmann降解[87-88]会在200℃或以下发生降解，在熔融插层过程中若发生降解会引发或催化聚合物的分解，进而严重影响复合材料的力学性能[89]。因此，需要合成制备新的耐高温有机改性剂对MMT有机改性来适应高熔点聚合物的熔融插层。所以，目前关于利用熔融插层法制备PPS/MMT纳米复合材料的研究报告较少。

　　四川大学的邹浩[68]等人曾经利用双十八叔胺对MMT进行有机化改性，并利用熔融插层法制备纳米复合材料，研究MMT对PPS/MMT复合材料及MMT对PPS/尼龙66/MMT三相复合材料结构与性能的影响，研究发现双十八叔胺可成功对MMT进行有机改性，在MMT较低含量下（1%）会形成剥离型纳米复合材料，但是在熔融插层过程中，有机MMT发生了热分解，造成MMT层间距缩小；PPS/MMT的熔融插层过程可分为分散和插层两个过程，分散过程需要较长的熔融共混时间，而插层过程基本上是瞬时完成的；MMT的添加可极大提高PPS的力学性能并对玻璃化转变温度和结晶性能有很大影响。

　　T.Sugama[51]利用十八烷基胺对蒙脱土有机改性并利用熔融插层法与低相对分子质量、低熔点（250℃）的PPS制备纳米复合材料，研究用其作为碳钢涂层的抗地热氧化腐蚀的能力，发现MMT的添加可提高PPS的熔点接近290℃，同时提高了复合材料的结晶性能；MMT片层和PPS之间形成良好的界面结合；由于从亚硫醚键到亚硫酸盐的转变，添加MMT减缓了PPS树脂在高温热液中的氧化速率。

　　Y.Q.Yang[90]等人将两种不同维度的纳米颗粒（层状黏土和球状SiO_2）与PPS树脂利用填料对填料的相互作用进行熔融共混制备纳米复合材料，研究纳米颗粒的分散情况和对PPS基体的性能影响，发现纳米黏土和刚性SiO_2对PPS在熔融过程中的剪切流反应不同可造成两者之间强烈的相互作用，因此，纳米黏土可在PPS基体中实现剥离性分散，SiO_2在PPS基体中也有良好的分散性；由于可成功实现对纳米颗粒的形态控制，即使纳米颗粒添加量少，对PPS树脂的强化作用也十分明显；剥离纳米黏土片层和纳米SiO_2颗粒的限制束缚作用使PPS大分子链的移动受限，导致PPS结晶行为发生巨大的变化。

　　部分学者也研究了MMT与其他高熔点聚合物的熔融插层，吉林大学的赵焱[91]利用十八烷基三甲基氯化钠对不同产地的蒙脱土进行有机改性，并与聚醚醚酮（PEEK）通过熔融插层进行复合，同时对其结构和性能进行研究测试，发现蒙脱土层间的季铵盐在高温熔融插层过程中分解，蒙脱土层间距缩小，PEEK大分子链未能插层进入MMT片层间；MMT未能在PEEK基体中实现剥离插层而是呈现团聚的状态，MMT含量越高则团聚现象越严重；MMT的添加对PEEK的结晶行为影响不大但可以提高PEEK的热稳定性；MMT的添加使PEEK的力学性能有较大幅度的提升。

　　聚合物的高加工温度（300℃以上）是有机MMT在熔融插层过程中分解的主要原因，也是制备高加工温度聚合物/MMT纳米复合材料的不可避免的一个难点，传统的有机季铵盐已不能满足熔融插层的要求，成功制备耐高温有机MMT是生产制造高加工温度聚合物/MMT纳米复合材料的关键环节。

　　除MMT以外，石墨烯是近几年来发展最为迅速并具有优异性能的层状纳米颗粒，与MMT相比，石墨烯具有更高的比表面积和更强的屏蔽阻隔及吸附效应，因此，利用石墨烯来共混改性PPS得到了学者较为广泛的关注。

二、石墨烯改性聚苯硫醚研究

（一）石墨烯结构与性能

2004年曼彻斯特大学的K. S. Novoselov和A. K. Geim[92]利用机械剥离法首先成功制备了单层石墨烯并进行了观察研究分析，自此以来，石墨烯引起了世界范围内学者的广泛关注与持续研究。石墨烯是一种单碳原子厚度的，由sp^2杂化的碳原子有序排列形成蜂窝状的二维晶体。由于二维晶体具有热力学不稳定性，因此，单层石墨烯在自由状态下或沉积在基底上都是不平整的，其表面存在微观尺度上的皱褶，如

图1-8　单层石墨烯的典型构象

图1-8所示，这也通过透射电镜和蒙特卡洛模拟进行了证明[93]。石墨烯的微观褶皱在纵向0.7~1.0nm内变化，横向8~10nm内变化，这些三维尺度上的变化会导致静电产生，从而使单层石墨烯极易聚集[94]。

理论上，石墨烯是单原子厚度的，但实际研究中，石墨烯中还会出现双层石墨烯、少层石墨烯（3~10层）和多层或厚层石墨烯（10层以上10nm以下）。石墨烯因其单层碳原子的二维晶体结构从而表现出优异的性能。石墨烯中的每个碳原子会以σ键与相邻的三个碳原子相连，剩余的未成键π电子会和其他碳原子的未成键π电子形成离域大π键，电子可在此自由移动，因此，石墨烯具有优良的导电性能，室温下载流子迁移率高达15000cm²/（V·s），远超过其他半导体材料，同时其还表现出室温量子霍尔效应。石墨烯中每个碳原子与相邻的三个碳原子之间会形成很强的σ键相连，因此，具有优异的力学性能，其杨氏模量可高达1.1TPa，断裂强度更高达130GPa，是钢铁强度的100倍以上。石墨烯也是一种优良的热导体，其主要靠声子传递热，单层石墨烯的热导率可高达5000W/（m·K）。除此之外，石墨烯还表现出其他优异性能，如良好的铁磁性、超大的比表面积（2630m²/g）和独特的光学性能[93-95]。

由于石墨烯具有优异的性能和潜在的巨大应用前景，结构规整、尺寸和厚度稳定的高品质石墨烯的制备引起了许多学者的关注。石墨烯目前的主要制备方法有以下几种[96]：

（1）机械剥离法。利用机械力将石墨剥离形成石墨烯，可以制备出大片层高质量的石墨烯，但其耗时费力，效率低下，产量低，不适合工业化生产。

（2）外延生长法。将碳化硅单晶片在高温下升华脱附硅原子制备石墨烯，其生产的石墨烯电子迁移率高，但难以获得层数一致、大面积的石墨烯，且过程复杂、工艺条件苛刻，成本高。

（3）化学气相沉积法。在高温下裂解碳源并沉积在固态基体表面制备石墨烯，其可以制备层数均一、大面积、高质量的石墨烯，但其工艺复杂，造价高且生产出的石墨烯导电

性受到固态基体的影响，限制其应用。

（4）氧化石墨烯还原法。利用强酸和强氧化剂将石墨氧化剥离形成氧化石墨，并将氧化石墨在搅拌和超声作用下充分剥离形成氧化石墨烯，然后利用热还原或者化学还原法将氧化石墨烯还原制备获得石墨烯，此方法制备的石墨烯存在结构缺陷和杂原子，但石墨烯本征性能在很大程度上得到恢复，同时，石墨的原料丰富，设备及工艺流程简便，生产成本低，因此，氧化石墨烯还原法是目前最常用的制备石墨烯的方法之一。

（二）石墨烯功能化改性

石墨烯是由苯六元环紧密排列组合而成的二维晶体，结构上不含有任何不稳定的化学键，化学稳定性很高，除可以吸附分子和原子外，其表面呈惰性状态，与其他介质之间的相互作用力很弱。石墨烯片层之间还存在很强的范德华力，使其极易团聚，同时，导致其既不亲水也不亲油，难以溶于水和有机溶剂中，与聚合物的亲和力也较差，易在聚合物基体中团聚。这严重影响了石墨烯在聚合物中的应用，因此，需要对其表面进行功能化修饰改性加工，改善其与聚合物之间的相互作用和在聚合物中的分散性。

目前，石墨烯的功能化改性方法主要分为共价键功能化改性和非共价键功能化改性两种。石墨烯的共价键功能化改性是最常用的功能化改性方法。石墨烯的主体结构是由性质稳定的苯六元环组成的，但其边缘和缺陷部位有较高的反应活性，利用化学氧化法可制备氧化石墨烯。氧化石墨烯片层含有大量的羧基、羟基及环氧基等活性含氧基团，因此，可利用这些官能团作为反应点与其他分子进行化学反应，从而实现对石墨烯的共价键功能化改性。目前，常用的与石墨烯进行共价键改性的物质主要是有机小分子、聚合物和化学掺杂材料等。2006年，S. Stankovich[97-98]等人先制备氧化石墨烯，然后利用有机小分子异氰酸酯与氧化石墨烯上的羧基和羟基反应，成功实现了石墨烯的共价键功能化改性，首次制备出了可在有机溶剂中完全剥离分散的异氰酸酯功能化石墨烯，如图1-9所示。但是，利用共价键功能化改性获得的石墨烯的本征结构会被破坏，并有可能改变其物理化学性质。

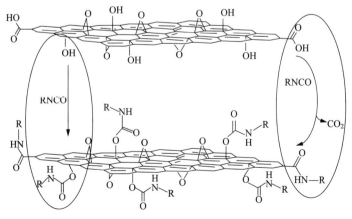

图1-9　异氰酸酯改性氧化石墨烯示意图

除了共价键功能化改性之外，还可以利用 π—π 堆栈作用、离子键和氢键[99]等非共价键作用，对石墨烯表面进行功能化修饰改性，进而形成稳定的分散体系。利用非共价键功能化改性工艺流程简单，条件温和，并且还能保持石墨烯本征结构与物理化学性质不变，但是其对功能化修饰分子的结构有较高的要求，且石墨烯与修饰分子之间的相互作用力较弱，对其表征存在一定的难度。

（三）聚苯硫醚/石墨烯纳米复合材料

石墨烯与聚合物之间的相互作用及相容性是制备高性能聚合物/石墨烯复合材料的关键环节。为使石墨烯与聚合物之间获得良好的相互作用和相容性，达到石墨烯在聚合物基体中均匀良好分散的目的，对石墨烯表面进行功能化修饰改性，同时，设计、调控石墨烯与聚合物之间的界面相互作用是目前研究的一个热点和难点。

石墨烯具有与MMT相似的纳米片层结构，其与聚合物复合制备纳米复合材料的方法与MMT基本相同，也主要分为三种：溶液混合插层、原位聚合插层和熔融共混插层。PPS因在200℃下不溶于任何溶剂且聚合反应条件较为苛刻，所以，PPS与石墨烯纳米复合材料的制备方法也主要为熔融混合插层。因PPS的高加工温度及石墨烯的难分散性，以及功能化石墨烯的热稳定性较差，所以，目前学者多采用膨胀石墨与PPS树脂插层制备纳米复合材料。

Y. F. Zhao[100]等人利用商业化的膨胀石墨与PPS树脂熔融插层制备纳米复合材料，并对其形态、导电性能与热性能进行研究分析，发现膨胀石墨在PPS基体中分散均匀但其厚度可达20~50nm，膨胀石墨的添加提高了PPS树脂的导电性和热稳定性，同时，PPS的结晶速率提高，结晶度增大。

M. L. Zhang[101]等人先将石墨氧化制备膨胀石墨（EG）和膨胀氧化石墨（EGO），然后将PPS树脂在205℃下溶于1-氯萘中通过溶液共混插层制备纳米复合材料，并对其导电性能和力学性能进行测试分析，研究发现EG和EGO在PPS基体中都能均匀分散，但由于EGO中含氧的碳在EGO表面引进了结构缺陷从而破坏了电子连续介质，因此，EG比EGO能更好地改善PPS的导电性能，并在更大程度上提高PPS的力学性能。但此种方法在高温下利用有机溶剂溶解PPS，只能作为研究使用，难以实现产业化应用。

B. J. Cjae[102]等人利用氧化石墨（GO）和PPS树脂通过原位聚合插层制备纳米复合材料，探讨复合材料的导电性能和热性能，研究发现GO可以较为良好地分散在PPS基体中，随着GO含量的提高，复合材料的结晶温度升高但热稳定性下降。

部分学者也直接利用石墨烯与PPS树脂熔融插层复合制备纳米复合材料。J.W.Gu[103]等人先利用异丙基三油酸酰氧基钛酸酯对石墨烯片层表面进行功能化改性，以增强石墨烯与PPS树脂的相容性，然后将功能化石墨烯与PPS树脂放在球磨仪中在室温下混合搅拌24h，再将混合物在295℃、10MPa下压缩铸模制备复合材料，并对其热传导行为进行研究分析，研究发现在较低体积分数下，石墨烯片层可显著改善PPS的热传导性能，这归功于在PPS基体中形成网络结构的石墨烯片层的良好热传导率。

S.L.Deng[104]等人直接将石墨烯与PPS树脂通过熔融共混插层制备复合材料并对其形态、热性能和等温结晶进行测试分析，研究表明由于石墨烯的异相成核作用，添加石墨烯可加速PPS基体的结晶并降低等温结晶活化能，显著提高PPS的热导率；石墨烯在PPS基体中有较好的分散但未形成网络结构。

顾军渭[105]等人利用钛酸酯偶联剂先对石墨烯片层进行功能化改性，然后将其与PPS树脂通过粉末共混—高温模压成型法制备石墨烯微片/PPS复合材料，并对其导热性能进行测试分析，研究发现未经过功能化改性的石墨烯微片与PPS基体的相容性很差，两者界面之间出现了明显的空隙和空洞等缺陷，经功能化改性后的石墨烯微片与PPS基体界面之间的缺陷很少，在PPS基体中具有较好的分散性，PPS/石墨烯复合材料的导热性能与石墨烯微片的含量成正相关。

石墨烯与PPS树脂直接熔融共混插层，因与PPS基体界面相互作用差，极易在PPS基体中聚集团聚，与PPS界面形成空隙和孔洞，使复合材料的性能受到严重影响；增加共混时间和提高螺杆转速可以改善石墨烯片层的分散效果，但过高的剪切力会使PPS大分子链断裂，造成PPS降解；功能化改性石墨烯与聚合物熔融插层可获得良好的分散效果，但热稳定性较差，在高温熔融共混中易分解，从而引发PPS的降解；同时，石墨烯或功能化石墨烯的体密度非常小，导致熔融共混时从加料口添加非常困难，这些问题都限制了石墨烯与PPS的熔融插层复合，制备难度也是造成目前为止关于PPS/石墨烯复合材料研究报道稀少的原因。

PPS树脂的改性除了和纳米颗粒进行熔融共混改性之外，PPS树脂与其他高聚物进行熔融共混也是常用的一种改性方法。利用高聚物与PPS进行共混改性可以避免纳米颗粒熔融共混过程中有机改性剂降解造成的结构缺陷和性能损失，因此，利用高聚物对PPS树脂进行共混改性也是研究的一个热点和重点。

第四节 高聚物共混改性聚苯硫醚研究进展

单一聚合物往往存在一些性能缺陷，限制了其应用领域，为改善聚合物的缺点，发挥其优势，适应市场的需求，就需对其进行改性研究。聚合物共混改性就是其中一个重要方向，其可以使聚合物性能得以改善，获得综合性能优异的新材料。聚合物共混物是指由两个或两个以上的聚合物组成的多组分体系，其中包括接枝共聚物、嵌段共聚物、互穿网络聚合物和共混聚合物体系等[12]。聚合物共混物的制备方法主要分为化学法和物理共混法。化学法可以实现聚合物分子结构与性能的设计，可人为控制最终共混物的性能，如接枝共聚物和嵌段共聚物，但其过程控制较复杂、成本高、技术难度大。物理共混法主要是指通过机械熔融共混的方法将两种或以上聚合物进行共混，其工艺流程简单，成本低廉，同时，接近材料的实际加工工艺，目前PPS/聚合物共混改性基本采用物理共混（熔融共混）的方式。

一、聚苯硫醚共混物研究进展

PPS存在脆性大、高温加工过程黏度不稳定、玻璃化转变温度较低等缺陷，从而限制了其应用范围，通过聚合物共混改性，PPS共混物除了能够保持自身基本特性，还较大程度提高其韧性、抗冲击强度、可加工性能、耐磨性和尺寸稳定性等。目前，与PPS树脂共混改性的聚合物主要有弹性体、通用工程塑料和高性能工程塑料等[106-114]。

PPS树脂与弹性体熔融共混改性是将弹性体作为冲击改性剂来对PPS增韧改性。弹性体可显著有效地对工程塑料进行增韧改性，当受到外界冲击时，共混物中的弹性体会作为应力集中点首先发生形变，自身通过产生微孔和气穴来吸收冲击能量，还能引发聚合物基体产生剪切屈服或者形成银纹，从而由脆性断裂转变为韧性断裂，实现塑料的增韧改性。J.Masamoto[106]首先用二苯基甲烷二异氰酸酯对PPS进行处理，然后与增韧弹性体乙烯基丙烯酸酯接枝马来酸酐熔融共混制备PPS/弹性体共混物并对其进行测试分析，研究发现弹性体的添加对PPS起到了增韧改性的效果。

PPS树脂与通用塑料熔融共混改性主要是提高PPS的冲击强度，改善其韧性和加工稳定性。PPS树脂与聚乙烯（PE）、聚丙烯（PP）等[107-108]聚烯烃共混可改善其加工流动性、成型加工性、着色性和抗冲击，同时还可降低材料成本；PPS与聚苯乙烯（PS）[109]两者均为脆性材料，但两者共混后脆性得到改善，冲击强度提高，且PPS的成型条件得到改善；PPS与聚酰胺（PA）[110]共混物是一种技术成熟且已经商业化的PPS共混物，PPS的冲击强度显著提高，脆性得到显著改善，还可以改善PPS的加工性能和耐磨性能；PPS与聚碳酸酯（PC）[111]共混能够很大程度上提高PPS的冲击强度、拉伸强度等力学性能，同时提高PC的阻燃性，PPS的加工性能也得到改善；PPS/聚酯共混可制备耐热性能优良、高强度的共混物，既可以改善PPS的冲击强度、耐应力开裂性和涂饰性，又提高了聚酯的强度和耐热性。

PPS树脂与高性能工程塑料共混时，主要起改性剂的作用，可以极大改善高性能工程塑料的可加工性能，同时，还可提高PPS的力学性能和耐热性能。PPS与聚醚醚酮（PEEK）[112]共混可改善PEEK的加工条件，降低PEEK成本的同时还可以提高PPS的韧性；PPS与聚苯醚（PPO）[113]共混可极大改善PPO的成型加工性能，同时又可保持二者优良的耐热、阻燃、耐腐蚀和力学性能；PPS与聚砜（PSF）[112]共混可以降低PSF的黏度，改善PSF的加工性能，同时还可以提高PPS的冲击强度和弯曲强度；PPS与聚酰亚胺（PI）[112]共混可以改善PI的加工条件，使其可利用挤出法和注塑法加工，降低材料成本，同时，保持耐热性和电气绝缘性；PPS与聚四氟乙烯（PTFE）[114]共混可提高PTFE的成型性、尺寸稳定性、抗蠕变性和压缩强度，还可以提高PPS的韧性和耐腐蚀性。

目前，聚合物共混改性PPS主要是改善PPS的韧性和加工稳定性，而鲜有利用聚合物与PPS共混改性以提高PPS的耐氧化性的研究。聚偏氟乙烯（PVDF）作为一种含氟聚合物具有较好的成型加工性、优异的抗紫外线性和耐氧化性，因此，其与PPS熔融复合可能会赋予PPS较好的耐氧化性能。

二、聚偏氟乙烯共混改性研究进展

聚偏氟乙烯（PVDF）是一种呈白色粉末状的线型半结晶高聚物，基本重复结构单元为—CH_2—CF_2—，PVDF大分子链中CH_2—和CF_2—结构的重复交替出现使PVDF树脂兼具氟树脂和通用树脂的特性，因此，具有优良的力学性能和韧性、耐冲击强度高、化学稳定性良好，尤其是具有优异的耐氧化性、耐气候性和抗紫外线性能[115]，还具有压电性能和热电性能等。PVDF在电子电气、化工设备、锂电池、膜材料、军工和建筑材料等领域得到广泛应用，所以，PVDF是一种综合性能优良、用途广泛的热塑性工程塑料[115-118]。

PVDF还是一种半结晶聚合物，结晶度在60%~80%，密度为1.75~1.78g/cm^3，平均相对分子质量一般在40万~60万，玻璃化转变温度为−39℃，熔融温度在160~170℃，热分解温度为378℃，其在HCl、H_2SO_4、HNO_3和浓碱液中100℃下可长期保持性能不变[117]。PVDF具有α、β、γ、δ和ε五种晶型，其中最常见的是α、β和γ三种。PVDF从熔融状态开始结晶主要形成非极性的α晶型，通过机械拉伸可将α晶型转变为极性的β晶型，通过高温退火处理α晶型则可转变为γ晶型[119]。

现阶段，PVDF的共混改性主要为添加其他聚合物（PMMA、TPU、PAN和PSF等）来改善PVDF的亲水性、力学性能和结晶行为等[120]，而PPS和PVDF树脂之间因熔融加工温度差（110℃）和熔融指数差距较大，目前，还未见利用两者熔融共混制备共混物的研究报道，利用PVDF较好的耐氧化性来改善PPS耐氧化性能的报道更未见到。

第五节 研究意义及研究内容

一、研究意义

现阶段，我国空气污染问题突出，并且废气排放标准日益严格，应用于燃煤、钢铁、化工和垃圾焚烧等领域的传统静电除尘装置已完全不能满足生产需求和排放标准，以PPS

高性能聚合物为主要原料的高效低阻的袋式除尘装置则在高温除尘领域得到了广泛应用。但需要指出PPS纤维及其滤料在高温及强酸氧环境下易发生氧化降解，造成纤维断裂，滤料发硬变脆乃至破损，这严重影响了PPS滤料使用寿命和企业日常生产。

目前，国内外学者主要是将抗氧剂与PPS树脂直接熔融复合或者在PPS滤料表面涂覆处理液来改善其耐氧化性能，但是存在抗氧剂在聚合物基体中易挥发析出、耐抽出性差、效果持续时间短、成本高和筛选符合PPS高温加工条件的抗氧剂难度大等缺点，同时对PPS滤料进行后整理耐氧化加工易影响滤袋过滤效果和物理性能，且工艺流程较长和成本高。因而针对PPS易氧化的性能缺陷，研究工艺流程简单、见效快、效果持久且成本低廉的耐氧化改性方法具有广阔的应用前景和重要的科研意义。

当前利用层状纳米颗粒（MMT和石墨烯）和聚合物PVDF分别通过熔融插层和熔融共混改性方法与PPS复合制备复合材料的研究报道较少，而用其来改善PPS耐氧化性的研究报道更为少见，出现此现状的主要原因是层状纳米颗粒片层极易聚集团聚，难以在PPS基体中均匀分散，而PPS树脂的高加工温度也增加了MMT有机改性和石墨烯功能化修饰的难度，同时也增加了制备和研究纳米复合材料的难度；并且PPS和PVDF较大的加工温度差和熔体流动速率差也造成鲜有人对其共混物进行研究。除此之外，层状纳米颗粒和PVDF改善PPS耐氧化性能的效果和原理目前也不明确，同时也未见报道，但是熔融共混改性方法技术成熟、工艺流程简单、成本低、见效快和无环境污染。因此，探索利用该方法将纳米颗粒和聚合物与PPS树脂复合提高其耐氧化性，具有重要的科研意义和实用化价值。

二、研究内容

本书采用两种不同的层状纳米颗粒（MMT和石墨烯）通过熔融插层制备PPS基纳米复合材料，并同时利用熔融共混改性制备PPS/PVDF共混物，重点研究层状纳米颗粒和PVDF对PPS基复合材料的形态结构、结晶性能、热稳定性和耐氧化性能的影响，揭示添加层状纳米颗粒及PVDF改善PPS基复合材料耐氧化性能的作用机理。具体研究工作如下。

（一）MMT的有机化改性及石墨烯的功能化修饰

本课题利用不同的有机改性剂对MMT和石墨烯分别进行有机化改性和功能化修饰，并利用傅里叶变换红外光谱（FT–IR）、X射线衍射分析仪（XRD）、热失重分析（TGA）等表征手段对改性后的层状纳米颗粒的形态结构和热稳定性等性能进行测试分析。

（二）PPS/层状纳米颗粒复合材料的制备与性能表征

利用熔融插层法制备PPS/层状纳米颗粒复合材料，并且利用扫描电子显微镜（SEM）、X射线衍射分析仪（XRD）、透射电镜（TEM）、热失重分析（TGA）、差示扫描量热仪

（DSC）和傅里叶变换红外光谱（FT–IR）等现代分析表征手段对PPS基复合材料的结构形态、层状颗粒分散状况、结晶性能、流变性能和耐氧化性能进行测试分析，研究添加层状纳米颗粒对PPS基体耐氧化性能的影响，阐明层状纳米颗粒改善PPS耐氧化性能的机理。

（三）PPS/PVDF共混物的制备与性能表征

通过熔融共混改性法制备PPS/PVDF共混物，并利用扫描电子显微镜（SEM）、X射线衍射分析仪（XRD）、热失重分析（TGA）、差示扫描量热仪（DSC）和傅里叶变换红外光谱（FT–IR）等表征手段对共混物的形貌结构、结晶性能、热稳定性和耐氧化性能进行研究表征，探讨PVDF可改善PPS耐氧化性能的作用机理。

（四）PPS/层状纳米颗粒复合熔融纺丝纤维的制备与性能表征

采用小型混炼机及自制熔融纺丝牵伸卷绕装置制备PPS基复合熔融纺丝纤维，并对熔融纺丝纤维的力学性能和耐氧化性能进行测试分析，研究层状纳米颗粒对PPS熔融纺丝纤维结构和性能的影响，探讨添加层状纳米颗粒对PPS基熔融纺丝纤维的耐氧化性能的影响。

第二章

有机化蒙脱土及功能化石墨烯的
制备与性能研究

　　蒙脱土具有独特的2∶1型晶体结构，较高的径厚比和较大的比表面积使其具有优良的各项性能，因此，近几十年来，聚合物/蒙脱土纳米复合材料得到广泛的应用研究。但蒙脱土是离子型化合物，极性较强，具有亲水疏油的特性；而高分子聚合物主要为共价聚合物，加之分子链较长、极性较弱。因此，天然蒙脱土与高分子聚合物的相容性及亲和力较差，难以直接插层复合。由于蒙脱土自身的阳离子交换特性，阳离子表面活性剂常被用作有机改性剂，通过离子交换的方式实现蒙脱土的有机改性，来达到蒙脱土在高分子聚合物中的均匀分散与良好相容。季铵盐阳离子表面活性剂是最常用的有机改性剂，但其相对较低的热稳定性限制了其与高熔点聚合物的熔融插层[72, 84, 88]。因此，不同种类的改性剂被用来改性修饰蒙脱土以满足较高的熔融插层加工温度[78-80]。

　　石墨烯是单原子厚度的二维蜂窝状新型碳纳米材料，其独特的结构和极大的比表面积赋予其优异的力学强度、导电导热和阻隔性能等，但石墨烯片层呈惰性，化学稳定性极高，难以在水或有机介质中分散，严重限制了其应用范围，因此，也需要对石墨烯进行功能化修饰来提高石墨烯的可分散性和可加工性，使石墨烯能够在有机介质中良好分散，目前，石墨烯的功能化改性方法主要可分为共价键和非共价键功能化改性。

　　本章采用三种不同的有机改性剂对蒙脱土进行有机改性，包括十六烷基三甲基溴化胺（CTAB），十二烷基苯磺酸钠（SDBS）及自制的溴化1，3-二-十六烷基苯并咪唑（Bz），同时，也利用CTAB和Bz对多层石墨烯微片进行功能化修饰，并利用傅里叶红外变换光谱仪（FT–IR）、热失重分析仪（TGA）及X射线衍射分析仪（XRD）对有机化改性的蒙脱土和功能化修饰的石墨烯进行测试表征。

第一节　实验部分

一、实验材料及仪器设备

（一）实验材料

钠基蒙脱土（Na–MMT）购自浙江丰虹黏土化工有限公司，离子交换容量（CEC）约为92mmol/100g。

多层石墨烯微片KNG–150（GNP）购自厦门凯纳石墨烯技术有限公司，片层直径为3~6μm，堆积密度为0.15~0.20g/mL，厚度为≤50nm。

1–溴代十六烷（≥98%），苯并咪唑（≥98%）购自国药集团上海化学试剂有限公司，级别为化学纯（CP）。

十六烷基三甲基溴化胺（CTAB，≥99%），十二烷基苯磺酸钠（SDBS，≥88%），氢氧化钠（NaOH，≥96%），无水硫酸镁（≥98%），无水氯化钙（$CaCl_2$，≥96%），四氢呋喃（THF，≥99%），乙醇，盐酸（HCl，37%），二氯甲烷（≥98%），石油醚，硫酸（H_2SO_4，95%~98%），硝酸（HNO_3，65%~68%），购自国药集团上海化学试剂有限公司，级别分析纯（AR）。

（二）仪器设备

DF–Ⅱ型集热式磁力搅拌器，购自常州菲普实验仪器厂；SHZ–D（Ⅲ）型循环水式多用真空泵，购自上海予华仪器有限公司；DZG–6050D型真空干燥箱，购自上海森信实验仪器有限公司；申科R–205旋转蒸发器、W–O恒温水浴锅、申科S212恒速搅拌器，购自上海申顺生物科技有限公司；FD–1A–50型真空冷冻干燥机，购自无锡沃信仪器有限公司。

Nicolet iS10型傅里叶变换红外光谱仪购自赛默飞世尔科技（中国）有限公司；D8–Advance型X射线衍射仪、Advance Ⅲ HD–400M核磁共振波谱仪购自德国布鲁克AXS有限公司；TA–Q500型热重分析仪（TGA）购自美国TA仪器有限公司。

二、有机改性剂的合成

本章中苯并咪唑盐有机改性剂的合成参照参考文献[79]并加以改进，合成过程分为两个阶段。

（一）1–十六烷基苯并咪唑的制备

首先将120mL的THF溶液和12g（300mmol）NaOH粉末依次添加到500mL的三口圆底烧瓶中，置于恒温磁力搅拌器中60℃下搅拌冷凝回流20min；然后在烧瓶中一次性加入

8.2g（70mmol）1H–苯并咪唑，继续在60℃下搅拌冷凝回流30min；再接着在烧瓶中加入24g（77mmol）1–溴代十六烷，然后继续搅拌冷凝回流3h。合成反应结束后的溶液冷却至室温，然后加入20mL去离子水，分液过滤；过滤出的水层利用二氯甲烷萃取三次，然后将萃取后的有机溶剂倒入100mL THF溶液中，接着加入无水硫酸镁去水干燥，最后将有机溶剂真空旋转蒸发去除，得到23.9g（67.2mmol）1H–十六烷基苯并咪唑，产率为96%。合成过程如式（2–1）所示。

$$（2-1）$$

（二）溴化1，3–二–十六烷基苯并咪唑的制备

将第一步合成的23.9g（67.2mmol）1H–十六烷基苯并咪唑放入含有80mL THF溶液的三口烧瓶中，60℃下磁力搅拌溶解并冷凝回流30min；然后再将24g（77mmol）1–溴代十六烷加入，继续搅拌冷凝回流36h；待产物混合溶液冷却至室温后过滤，得到的粗晶体再用冰水混合物冷却过的石油醚洗涤，得到26.7g（40.5mmol）纯净的终产物（Bz），产率为60%。合成过程如式（2–2）所示。

$$（2-2）$$

三、有机化蒙脱土的制备

本章利用三种不同的有机改性剂对天然钠基蒙脱土（Na–MMT）进行有机改性，其改性方法并不相同，分别如下所示。

（一）十六烷基三甲基溴化胺（CTAB）有机改性蒙脱土

首先在1000mL的单口烧瓶中将20g Na–MMT溶解于400mL去离子水中，在800r/min转速下恒温（80℃）搅拌2h；溶液冷却静置24h后取用上层悬浮液；称取定量（2倍于蒙脱土CEC的物质的量）的CTAB溶解于200mL的0.1mol/L的HCl溶液中，后用滴液漏斗将此溶液在室温下逐滴加入先前的悬浮液中；接着再将混合溶液在60℃下机械搅拌（300r/min）反应2h；再接着将混合溶液过滤得到滤饼，用去离子水对滤饼重复洗涤3~6遍，直至用AgNO₃溶液滴定检测滤液无AgBr沉淀产生为止[67, 121]；最后将滤饼在80℃下真空干燥72h并研磨过200目筛，即获得CTAB有机改性的Na–MMT，将其标记为CTAB–MMT。

（二）十二烷基苯磺酸钠（SDBS）有机改性蒙脱土

首先在1000mL的单口烧瓶中将20g Na-MMT溶解于400mL去离子水中，在800r/min转速下恒温（80℃）搅拌2h；溶液恒温静置24h后取用上层悬浮液；称取定量（2倍于蒙脱土CEC的物质的量）的SDBS溶解于40mL的热水（80℃）中，将此溶液缓慢倒入80℃的蒙脱土悬浮液中，并恒温搅拌4h；接着将2.72g无水氯化钙溶解于25mL去离子水中作为沉淀剂，并将其缓慢加入混合溶液中产生沉淀并继续搅拌2h；再接着将混合物离心分离，取下层的膏状物用去离子水反复洗涤至用AgNO$_3$溶液检测无AgCl白色沉淀产生为止[122]；最后将产物真空冷冻干燥24h并研磨过200目筛，即获得SDBS有机改性的Na-MMT，将其标记为SDBS-MMT。

（三）溴化1，3-二-十六烷基苯并咪唑（Bz）有机改性蒙脱土

首先将20g Na-MMT于60℃机械搅拌下溶解于700mL乙醇与去离子水体积比为3∶1的溶液中，在800r/min转速下恒温搅拌6h；称取定量（2倍于蒙脱土CEC的物质的量）的Bz倒入120mL的乙醇中，将此混合溶液在1h内分批缓慢加入蒙脱土悬浮液中，并在60℃下继续搅拌24h；再接着将混合溶液抽滤获得滤饼，先用乙醇/水对滤饼洗涤一次，然后用去离子水再对滤饼重复洗涤3~6次，直至用AgNO$_3$溶液滴定检测滤液无AgBr沉淀产生为止[123]；最后将滤饼在80℃下真空干燥72h并研磨过200目筛，即获得Bz有机改性的Na-MMT，将其标记为Bz-MMT。

四、功能化石墨烯的制备

（一）氧化石墨烯（GNO）的制备

本章采用反应过程温和的混合酸对多层石墨烯微片进行酸氧化处理制备GNO[124]，首先在100mL的单口烧瓶中放入600mg石墨烯微片粉末，接着量取30mL的浓硫酸倒入烧瓶中，然后于室温下磁力搅拌6h，接着将单口烧瓶转移至超声波发生器中超声4h；将反应装置移至磁力搅拌器上并加入30mL浓硝酸，搅拌30min，然后再将反应装置于140℃的恒温磁力搅拌油浴锅中，继续磁力搅拌并回流1h，再取出反应物并用1000mL去离子水稀释并静置24h；利用混纤微孔滤膜进行减压抽滤，并用去离子水反复洗涤直至滤液pH为7，接着用四氢呋喃进行多次洗涤过滤，最后将所获得的黑色粉末置于真空干燥箱中在60℃下干燥12h，制备得到GNO。

（二）功能化石墨烯的制备

本章利用两种不同的功能化修饰剂CTAB和Bz对制备得到的氧化石墨烯进行功能化修

饰[7]。CTAB功能化修饰GNO的方法为：首先在500mL的三口烧瓶中将100mg制备的GNO溶解于300mL去离子水中，接着将烧瓶置于超声波发生器中超声30min；再称取200mg CTAB加入烧瓶中，并将反应装置转移至恒温油浴锅中于60℃下回流1h；然后利用混纤微孔滤膜将反应物进行减压抽滤，并用去离子水反复洗涤直至滤液中无Br−检测出为止，然后将所得黑色粉末置于真空干燥箱中在60℃下干燥12h，制备得到CTAB功能化石墨烯（CGN）。

Bz功能化修饰GNO方法为：首先称取100mg制备的GNO置于500mL的三口烧瓶中然后倒入300mL乙醇与去离子水体积比为1∶1的溶液，接着将烧瓶置于超声波发生器中超声1h；再称取200mg Bz加入到烧瓶中，并将反应装置转移至恒温油浴锅中于60℃下回流6h；然后，趁热将反应物通过混纤微孔滤膜进行减压抽滤，先用乙醇多次冲洗，再用去离子水反复洗涤直至滤液中无Br−检测出为止，然后将所得黑色粉末置于真空干燥箱中在60℃下干燥12h，制备得到Bz功能化石墨烯（BGN）。

五、结构与性能表征

（一）红外光谱测试分析（FT-IR）

利用Nicolet iS10型傅里叶变换红外光谱仪对合成苯并咪唑盐、有机化蒙脱土（OMMT）和功能化石墨烯的红外光谱进行测试分析，首先将合成苯并咪唑盐、有机改性蒙脱土及功能化石墨烯分别与光谱级KBr按照1∶100的质量比进行混合研磨，然后利用压片机在20MPa下压制透明薄片，最后采用透射法对薄片进行扫描，扫描范围4000~400cm−1，分辨率4cm−1。

（二）核磁共振氢谱测试分析（1H NMR）

采用Advance Ⅲ HD400M核磁共振波谱仪对合成苯并咪唑盐进行1H NMR测试，频率为400MHz，溶剂为CDCl3，内标为四甲基硅烷（TMS）。

（三）X射线衍射测试分析（XRD）

利用D8Advance型X射线衍射仪对OMMT及功能化石墨烯分别进行层间结构扫描分析，放射源为CuKα靶（λ=0.154nm），管电压和电流分别为40kV和40mA，扫描范围2θ分别为1°~20°和3°~50°，扫描速率为1°/min。

（四）热失重测试分析（TGA）

在氮气氛围下，利用TA-Q500型热重分析仪对OMMT及功能化石墨烯进行热稳定性测试，温度测试范围为30~800℃，升温速率为10℃/min，N2流速为50mL/min。

第二节　结果与讨论

一、合成苯并咪唑盐结构分析

如图 2-1 溴化 1，3-二-十六烷基苯并咪唑（Bz）的红外光谱分析图所示，2917cm⁻¹，2850cm⁻¹ 处为亚甲基上的 C—H 伸缩振动吸收峰（2917cm⁻¹ 处为不对称伸缩振动，2850cm⁻¹ 处为对称伸缩振动）；1613cm⁻¹ 处为苯环 C=C 双键的伸缩振动峰；1560cm⁻¹ 处为苯环的骨架振动峰，1466cm⁻¹，1383cm⁻¹ 处为甲基上 C—H 的变形振动吸收峰（1466cm⁻¹ 为不对称变形，1383cm⁻¹ 为对称变形）；1207cm⁻¹ 为 C—N 键的伸缩振动吸收峰[13]。通过红外光谱图，可以判定合成产物中含有苯环、甲基、亚甲基及 C—N 键等官能团。

溴化 1，3-二-十六烷基苯并咪唑（Bz）的核磁共振氢谱图如图 2-2 所示。¹H NMR（CDCl₃）δ：0.88（t，6H，$2\times CH_3$）；1.24（m，52H，$2\times CH_{2(13)}$）；2.06（pent，4H，$2N-CH_2-CH_2$）；4.63（t，4H，$2\times N-CH_2$）；7.67（m，4H，CH_{Ar}）；11.59（s，1H，N—CH—N）。核磁共振氢谱图表明两个十六烷基链段已经成功地双重置换在苯环头基的苯并咪唑环的 N 原子上。结合红外光谱分析，可以得出已成功合成制备出溴化 1，3-二-十六烷基苯并咪唑。同时，核磁共振氢谱图中无杂峰，表明合成的溴化 1，3-二-十六烷基苯并咪唑的纯度较高。

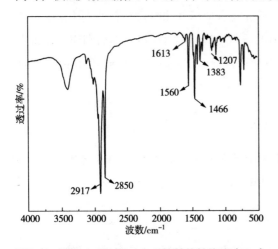

图2-1　溴化1，3-二-十六烷基苯并咪唑（Bz）
　　　　的红外分析图谱

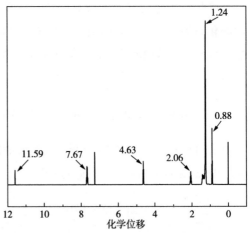

图2-2　溴化1，3-二-十六烷基苯并咪唑（Bz）
　　　　的核磁共振氢谱图

二、有机化蒙脱土结构分析

如图 2-3 所示为钠基蒙脱土及三种 OMMT 的 FT-IR 图。从图中可以看出，天然蒙脱土中 3628cm⁻¹ 处为蒙脱土片层上羟基—OH 的伸缩振动吸收峰，3445cm⁻¹ 处为蒙脱土片层间吸附水的伸缩振动峰，1638cm⁻¹处为蒙脱土层间结晶水的羟基弯曲振动峰，同时，1042cm⁻¹处的强烈吸收峰是Si—O—Si的骨架振动吸收峰，400~600cm⁻¹处的峰为蒙脱土中硅氧四面体和铝氧八面体的内部振动吸收峰。而蒙脱土经过有机改性剂处理后，除了蒙脱土一些固有的特征峰以外，出现了一些新的吸收峰。如图2-3所示，2917cm⁻¹和2850cm⁻¹处的峰可分别归为亚甲基上C—H的不对称伸缩振动吸收峰和对称伸缩振

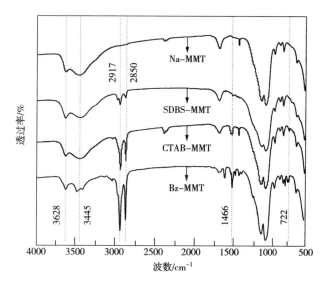

图2-3　Na-MMT及OMMT的FT-IR图谱

动吸收峰，1466cm⁻¹处的峰归为亚甲基上C—H的剪切振动吸收峰，而722cm⁻¹处是亚甲基的特征吸收峰。除此之外，有机蒙脱土的其他峰与Na-MMT一致。同时，还可以观察到，OMMT的羟基峰的强度一定程度上弱于Na-MMT，在Bz-MMT和CTAB-MMT上更为明显，这可以解释为有机改性剂的修饰改性使蒙脱土产生疏水效果并减少了羟基的相互作用。还可以观察到SDBS-MMT中的1466cm⁻¹及722cm⁻¹处的吸收峰并不明显，其可以归结为SDBS改性蒙脱土较难，吸附及插层的SDBS含量较少。通过红外光谱分析可以得出，有机改性剂已经成功地对蒙脱土进行有机化改性。

红外光谱分析只能确定有机蒙脱土上的官能团，并不能确定有机改性剂是否已经插层进入蒙脱土层间还是表面吸附。而利用XRD对蒙脱土及有机蒙脱土层间结构进行测试分析，并根据Bragg公式计算得出蒙脱土层间距离。

$$2d\sin\theta=n\lambda \tag{2-3}$$

式中：d为蒙脱土层间距离（nm）；θ为半衍射角（°）；n为衍射等级（001）；λ为入射X射线波长（$\lambda=0.154$nm）。

蒙脱土及有机蒙脱土的XRD曲线如图2-4所示。由图可知，原始Na-MMT对应于（001）面的衍射角为7.1°，其对应的层间距$d_{001}=1.2$nm，而有机蒙脱土的衍射峰均向小角度移动。其中，CTAB-MMT（001）面的衍射角减小到2.4°，其对应的层间距$d_{001}=3.62$nm，同时，其XRD图上呈现出第二级（002）面的衍射峰（4.7°），这表明有较多的CTAB有机改性剂插层进入蒙脱土片层之间，其分子链在片层之间形成一个多相排列模型，CTAB有机改性剂的分子链呈现倾斜单层排列和平铺双层排列的混合相[65-66, 70-71]。同时，Bz-MMT（001）面的衍射角减小为2.7°，其对应的层间距d_{001}扩大到3.26nm，同时，其第二级（002）面的衍射峰（5.4°）也出现，这表明也有较多的Bz有机改性剂插层进入蒙脱土片层

之间形成一个多相排列模型，Bz有机改性剂的分子链呈现为平铺双层排列和平铺单层排列的混合相，Bz有机改性剂平铺双层排列即可以获得较大的层间距是因其两条长十六烷基链具有较大的空间距离[126-128]。而SDBS-MMT（001）面的衍射角只减小到6.1°，其对应的层间距d_{001}=1.45nm，并且没有第二级衍射峰出现，这表明SDBS插层进入蒙脱土层间呈现平铺单层排列的模型[129-130]。一般认为[70]，蒙脱土的阳离子交换达到一定程度后，其层间距会扩大到一定距离，使有机改性剂分子链在片层间有足够的空间调整排列，从而变得更加规则有序，因此，除（001）面的衍射主峰以外，会有更小有序尺寸的大角度次级衍射峰出现。这表明CTAB及Bz有机改性剂在蒙脱土层间排列十分规则有序。

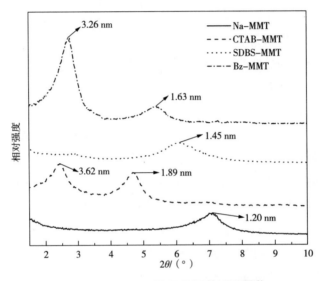

图2-4   Na-MMT及OMMT的XRD图谱

由图2-4可知，三种有机蒙脱土的层间距都明显大于原始Na-MMT的层间距。结合前面FT-IR的分析，可以得出有机改性剂已经成功插层改性Na-MMT。除此之外，插层改性修饰可有效提高Na-MMT的疏水性，从而改善蒙脱土表面与聚合物基质的亲和性，同时，层间距的增大，也使聚合物与蒙脱土熔融共混时其大分子链更容易进入蒙脱土层间，从而让蒙脱土片层发生部分或完全剥离。从蒙脱土层间距增加的情况来看，CTAB-MMT的层间距稍大于Bz-MMT的层间距，但两者的层间距都远远大于SDBS-MMT，即CTAB的改性蒙脱土的效果相对较好，Bz的效果相对次之，SDBS的改性效果相对较差。

三、有机化蒙脱土热稳定性分析

蒙脱土与聚合物进行熔融共混时，必须经受较高的加工温度和较长的加工时间，因此，有机蒙脱土的热稳定性是影响复合材料加工质量的关键因素。Na-MMT及三种有机蒙脱土的TG和DTG曲线如图2-5所示。

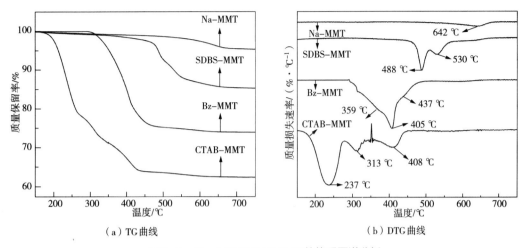

（a）TG曲线　　　　　　　　　（b）DTG曲线

图2-5　Na-MMT及OMMT的热重图谱分析

由于在TG测试前，所有蒙脱土试样均在真空干燥箱中80℃下干燥48h，所以，100℃以下几乎没有质量损失。由图2-5可知，Na-MMT在550℃之前几乎没有质量损失，在整个测试温度范围内，Na-MMT的热分解过程表现为一步分解的特性。Na-MMT在583℃开始热降解，642℃达到最大分解速率，整个热分解过程质量损失为3.28%，其可以归为蒙脱土的脱羟基作用[71]。这表明在测试温度范围内Na-MMT结构相对稳定并且能一直保持层状结构。而对于CTAB-MMT来说，其热分解过程呈现为三个阶段。其DTG曲线上237℃、313℃、408℃处的三个失重峰代表三个分解过程。第一个峰对应于通过范德华力物理吸附在蒙脱土片层表面的CTAB的分解过程（210~270℃）；第二个峰是插层进入层间及层间吸附的CTAB的热分解过程（270~350℃）；第三个峰则对应与硅氧四面体和铝氧八面体进行插层置换或结合的有机改性剂阳离子的分解过程（350~420℃）[65, 71, 131]。Bz-MMT的DTG曲线则呈现为一个405℃的主峰并带有359℃和437℃两个肩峰，这可以归为插层进入蒙脱土层间的Bz的热分解及分解产物的再次分解。除此之外，SDBS-MMT的热分解过程呈现出两步分解的特征。其DTG曲线在488℃和530℃处出现两个失重峰。第一个峰代表物理吸附在蒙脱土片层表面的SDBS的分解过程，第二个峰则是蒙脱土片层间的SDBS的分解过程。

如图2-5所示，SDBS-MMT和Bz-MMT的热稳定性明显优于CTAB-MMT，这是由SDBS和Bz的热稳定性高于CTAB所致。同时，三种有机蒙脱土的热分解温度也明显高于三种有机改性剂（CTAB、194℃[71]，Bz、276℃和SDBS、450℃[122]），这表明插层进入蒙脱土层间的有机改性剂的热稳定性得到提高，这是由蒙脱土片层的阻隔屏蔽效应所致。聚苯硫醚的加工温度在300℃左右，从加工温度考虑，Bz-MMT和SDBS-MMT更适用于聚苯硫醚的熔融插层加工过程。

四、功能化石墨烯结构分析

图2-6为石墨烯、GNO、CGN和BGN的红外光谱图，由图可知，石墨烯的红外图谱中几

乎没有红外吸收峰出现，表明多层石墨烯的结构比较完整，没有明显的结构缺陷；石墨烯经过酸化形成的GNO的红外图谱中出现了多个官能团的吸收峰，3430cm⁻¹处的吸收峰为羧基、羟基及吸附水中羟基的吸收峰，1725cm⁻¹处的吸收峰为羰基或羧基中C=O键的伸缩振动吸收峰，但吸收峰强度很小，1637cm⁻¹和1582cm⁻¹处的峰为C=C的伸缩振动吸收峰，1385cm⁻¹处为C—OH的弯曲振动吸收峰，1040cm⁻¹处的峰为环氧基团C—O—C的伸缩振动吸收峰，而功能化修饰后获得的CGN和BGN上的一些官能团的吸收峰强度明显变弱，3430cm⁻¹处的—OH吸收峰强度有所减小，1725cm⁻¹的C=O键和1040cm⁻¹处的C—O—C吸收峰几乎消失不见，表明在功能化修饰过程中，这些官能团可能参与了反应，同时，在2923cm⁻¹和2850cm⁻¹处甲基和亚甲基中C—H键的伸缩振动吸收峰十分明显，表明功能化改性过程中CTAB和Bz已成功引入GNO片层，CGN和BGN中1725cm⁻¹处C=O键的吸收峰很弱，而—OH的吸收峰很强，表明酸化处理过程中产生的主要为羟基，少量产生羧基，这也被先前的研究报告证实[124]。

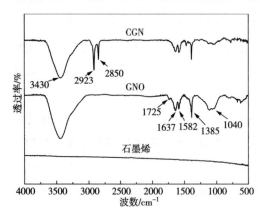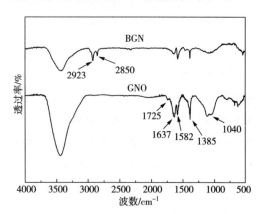

图2-6　石墨烯、CGN、GNO和BGN的红外光谱图

图2-7为石墨烯、GNO、BGN和CGN的XRD图谱，由图可知，多层石墨烯微片在2θ=26.3°处有一个较强的衍射峰，而石墨的衍射峰也在2θ=26.3°处，但其衍射峰要更为尖

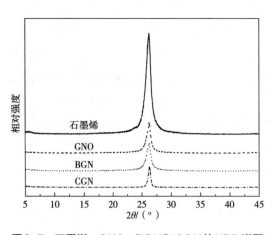

图2-7　石墨烯、GNO、BGN和CGN的XRD谱图

锐，因为本章使用的为多层石墨烯微片，衍射峰和层间距与石墨基本一致，较难以区分，但多篇研究报道中[124, 132-136]已利用拉曼光谱（Raman Spectrum）、扫描电镜（SEM）和透射电镜（TEM）等表征手段对多层石墨烯和GNO的结构形态进行测试分析，已证实表明所用材料为多层石墨烯且GNO多在片层边缘处存在缺陷与含氧官能团，本章在此处就不再赘述。由图2-7可知，GNO的衍射峰也在2θ=26.3°处，但其强度却显著降低且衍射峰也变

宽，表明经酸化后多层石墨烯的晶体结构遭到一定的破坏；但其层间距未发生变化，表明主体部分还是多层石墨烯，也表明酸化过程中产生的含氧官能团多分布在石墨烯片层边缘和缺陷部位，对石墨烯层间距基本没有影响，这也与先前研究报道相佐证[128]。功能化改性后得到的CGN和BGN的衍射峰也在2θ=26.3°处，其衍射峰的强度进一步降低，表明CTAB与Bz引入石墨烯片层上可进一步破坏石墨烯的晶体结构，但功能化石墨烯层间距未发生变化是因为石墨烯片层上的含氧官能团多在片层边缘和缺陷处，CTAB和Bz与含氧官能团结合反应后也多是在片层边缘，因此，对石墨烯层间距的贡献不大，虽然Bz分子链的空间结构更大，但也与CTAB一样无法进入片层内部，因此，改性效果与CTAB基本一致。

五、功能化石墨烯热稳定性分析

石墨烯与聚合物进行熔融共混时，与蒙脱土一样也要经受较高的加工温度和较长的加工时间，因此，功能化石墨烯的热稳定性也是影响复合材料加工质量的关键因素。石墨烯、GNO及两种功能化石墨烯的TG和DTG曲线如图2-8所示。

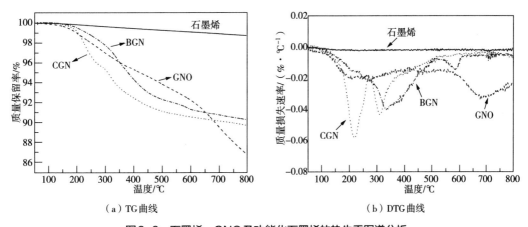

（a）TG曲线　　　　　　　　　（b）DTG曲线

图2-8　石墨烯、GNO及功能化石墨烯的热失重图谱分析

由图2-8（a）可知，多层石墨烯微片的热稳定性十分优良，在测试温度范围内（50~800℃）几乎没有质量损失；石墨烯微片经酸化制备的GNO的热稳定性较差，在130℃后开始有质量损失，且在测试温度范围内一直有质量损失，从图2-8（b）中可以发现GNO在214℃和684℃出现两个最大分解速率，可以归为GNO片层上含氧基团的分解和结构缺陷的瓦解，GNO在300℃时的质量损失为3.17%，尽管损失量较小，但是GNO的含氧基团主要是羟基，为亲水基团，因此，GNO不适于直接与PPS进行熔融共混；GNO经过功能化改性后得到的功能化石墨烯CGN和BGN的热稳定性比GNO有一定的提升，两者均在200℃左右开始降解，同时，其热分解残余量均高于GNO，表明CTAB及Bz的引入除去了GNO中易分解的含氧基团；但从图2-8（a）可以明显观察到BGN的热稳定性高于CGN，300℃时

BGN 的质量损失为 2.32%，CGN 的质量损失则为 4.92%，从图 2-8（b）可以观察到 CGN 的 DTG 曲线上出现两个最大分解速率分别在 227℃和 320℃，应为石墨片层上 CTAB 的分解温度，BGN 在 343℃时出现一个最大分解速率，应为引入到石墨烯片层上的 Bz 的分解；除此之外，从图 2-8 可以观察到 GNO 及功能化石墨烯的热分解残余量都很高，表明酸化制备的 GNO 自身带有的含氧基团较少，且功能化改性引入的 CTAB 和 Bz 的含量也较少，这也与前期的研究相佐证。综合考虑，BGN 比 CGN 更适宜与 PPS 进行熔融插层复合。

本章小结

本章利用苯并咪唑和溴代十六烷通过亲核取代反应制备苯并咪唑盐有机改性剂，并和两种商业化有机改性剂（CTAB 和 SDBS）分别对蒙脱土进行有机改性，同时，利用合成苯并咪唑盐和 CTAB 对多层石墨烯进行功能化修饰，并研究了有机蒙脱土和功能化石墨烯的结构与性能，得出的主要结论如下。

（1）成功合成制备了溴化 1，3-二-十六烷基苯并咪唑，方法简便，时间较短；产物纯度较高，无杂质，产率适中。

（2）有机蒙脱土和功能化石墨烯通过 FT-IR 和 XRD 测试分析表明：有机改性剂已成功插层改性 Na-MMT 获得有机蒙脱土，其疏水效果改善；CTAB-MMT 和 Bz-MMT 的层间距增加较大，SDBS-MMT 的层间距增加较小；CTAB-MMT 中 CTAB 分子链呈平铺双层和倾斜单层的混合相排列，Bz-MMT 中 Bz 分子链呈平铺单层和平铺双层的混合相排列，SDBS-MMT 中 SDBS 分子链呈平铺单层排列；多层石墨烯经酸化处理后成功制备 GNO，GNO 片层上的含氧基团主要是羟基且集中在石墨烯片层边缘，GNO 经功能化改性后有机修饰剂 CTAB 和 Bz 成功引入石墨烯片层上制备 CGN 和 BGN，CTAB 和 Bz 未进入石墨烯片层间，层间距未发生变化。

（3）TGA 测试分析表明：Na-MMT 结构稳定并能在高温下保持层状结构，有机改性剂与蒙脱土发生离子交换反应成功插层进入蒙脱土片层之间；CTAB-MMT 的耐热性较差，210℃后开始剧烈分解；Bz-MMT 的热稳定性相对较好，310℃后才开始分解；SDBS-MMT 的耐高温性最好，Bz-MMT 和 SDBS-MMT 更适于聚苯硫醚（280℃）等高熔点聚合物的熔融插层；多层石墨烯的热稳定性优良，GNO 的热稳定性较差，130℃开始降解，功能化石墨烯 CGN 和 BGN 的热稳定性都优于 GNO，BGN 的热稳定性最佳。

（4）综合 FT-IR，XRD 和 TGA 分析，表明 Bz-MMT 和 BGN 最适合与聚苯硫醚熔融插层制备纳米复合材料。

第三章

蒙脱土改性聚苯硫醚的结构与性能研究

聚合物/MMT纳米复合材料因其在机械力学、阻隔屏蔽、热稳定性和阻燃性能等方面显著且一致的增强作用，在近几十年来得到了广泛而深入的研究。自从Vaia和Giannelis[81, 82]首次报道可直接利用熔融插层法制备聚合物/MMT纳米复合材料以来，该方法因简便高效无污染，已成为应用最广泛和最具发展前景的制备方法。对于PPS这类不溶或难溶于有机溶剂的树脂，该方法更是首选，多种聚合物利用熔融插层法制备纳米复合材料也已被研究报道[83, 85-86]。然而，关于PPS/MMT纳米复合材料的研究报道却较少，主要是PPS的高加工温度增加了MMT有机化改性的难度，而MMT片层在聚合物中的分散情况也严重影响复合材料的力学、结晶、耐热和耐氧化等性能。与PPS树脂通过熔融插层法制备纳米复合材料的有机蒙脱土必须能在高加工温度、长加工时间和强剪切力作用下保持稳定不分解。

聚合物/MMT复合材料中MMT片层和聚合物分子链的组合是一种受限体系[137]，插层进入MMT片层内部的聚合物分子链被束缚在MMT层间，分子链的转动和平动以及链段的运动都会受到极大的限制阻碍；同时，MMT的二维片层结构具有良好的阻隔屏蔽效应，其能够延缓氧化热分解产物的扩散跟逸出、阻隔氧气等氧化性气体的扩散和混且能够延缓热量的传递，因此，聚合物/MMT纳米复合材料具有良好的热稳定性能与耐氧化性能。PPS是一种半结晶性聚合物，其结晶状况会显著影响其他性能，有机MMT的添加必定会对其结晶状况产生影响，同时，研究PPS的非等温结晶过程有助于了解温度场变化对PPS结晶过程的影响，与PPS的实际加工过程紧密相关。

因此，本章通过熔融插层法将PPS树脂与前一章有机改性MMT制备复合材料，观察不同有机蒙脱土在PPS树脂中的分散状况，确定适于PPS熔融插层加工的有机蒙脱土，并对其制备的纳米复合材料的力学性能、结晶性能、热稳定性、流变性能和非等温结晶过程进行测试研究，最后，对其耐氧化性能利用多种测试方法进行表征，并对其耐氧化原理进行探讨。

第一节　实验部分

一、实验材料及仪器设备

（一）实验材料

PPS树脂购自江苏瑞泰科技有限公司，熔体流动指数（MFR）为150g/10min（315℃，5kg）。

有机改性蒙脱土（CTAB-MMT，Bz-MMT，SDBS-MMT）由第2章中所制备；盐酸（HCl，37%）、硫酸（H_2SO_4，95%~98%）、硝酸（HNO_3，65%~68%）均购自国药集团上海化学试剂有限公司，级别为分析纯（AR）。

（二）仪器设备

SJSZ-10A微型双螺杆挤出机购自武汉瑞鸣塑料机械有限公司；DZG-6050D型真空干燥箱购自上海森信实验仪器有限公司；SA-303型台式热压机购自日本三洋株式会社；SDL-100型试样切片机购自日本Dumbell株式会社；AL204型电子天平购自梅特勒—托利多国际贸易（上海）有限公司。

Nicolet iS10型傅里叶变换红外光谱仪购自赛默飞世尔科技（中国）有限公司；D8-Advance型X射线衍射仪购自德国布鲁克AXS有限公司；TA-Q500型热重分析仪和TA-Q200差示扫描量热仪购自美国TA仪器有限公司；SU1510型扫描电子显微镜和H-9500透射电子显微镜购自日本日立株式会社制作所；Physica MCR301高级旋转流变仪购自奥地利安东帕（中国）有限公司；EZ-SX型拉力试验机和AXIS-ULTRA DLD多功能光电子能谱仪购自日本岛津株式会社；DVA-225型动态力学分析仪和购自日本IT计测制御株式会社。

二、PPS/OMMT复合材料的制备

三种OMMT按照不同的质量百分比（0.5%，1%，3%，5%，10%）分别与PPS树脂在SJSZ-10A微型双螺杆挤出机中进行熔融共混插层复合，其中螺杆直径为15mm，螺杆长径比为L/D=12，螺杆转速为30r/min，双螺杆挤出机的加料口温度和挤出口温度分别为295℃和300℃，熔融共混时间为10min。不同复合材料的命名与组分含量见表3-1。

表3-1　不同复合材料的组分含量

样品	组分/%			
	PPS	CTAB-MMT	Bz-MMT	SDBS-MMT
PPSCM$_{0.5}$	99.5	0.5	—	—

续表

样品	组分/%			
	PPS	CTAB-MMT	Bz-MMT	SDBS-MMT
PPSCM$_1$	99	1	—	—
PPSCM$_3$	97	3	—	—
PPSCM$_5$	95	5	—	—
PPSCM$_{10}$	90	10	—	—
PPSBM$_{0.5}$	99.5	—	0.5	—
PPSBM$_1$	99	—	1	—
PPSBM$_3$	97	—	3	—
PPSBM$_5$	95	—	5	—
PPSBM$_{10}$	90	—	10	—
PPSSM$_{0.5}$	99.5	—	—	0.5
PPSSM$_1$	99	—	—	1
PPSSM$_3$	97	—	—	3
PPSSM$_5$	95	—	—	5
PPSSM$_{10}$	90	—	—	10

三、结构与性能表征

（一）形态结构分析

本章利用不同的表征方式观察研究OMMT在PPS基体中的分散状况。PPS基复合材料样条经液氮冷却淬断，在淬断表面喷金，利用SU1510扫描电镜对淬断横截面进行观察分析，观察不同OMMT在PPS基体中的分散情况；利用D8Advance型X射线衍射仪对PPS基复合材料进行结构分析，判别OMMT片层与PPS基体形成的复合材料结构状态，其中放射源为CuKα靶（λ=0.154nm），管电压和电流分别为40kV和40mA，扫描范围2θ为1°~20°，扫描速率为1°/min；先利用超薄切片机对PPS基复合材料样条切片，薄片厚度在50nm以内，再利用H-9500透射电子显微镜观察OMMT片层的分散情况。

（二）力学性能测试分析

利用SA-303型台式热压机将PPS基复合材料切粒在290℃、20MPa下热压制备薄膜，然后保持压力冷却至室温，再利用SDL-100型试样切片机将薄膜切割成力学测试样，其规格如图3-1所示；最后利用EZ-SX型拉力试验机在25℃、40%湿度下对样品进行拉伸测试，夹持距离20mm，拉伸速度5mm/min，每组样品至少拉伸测试5次，最后取平均值。

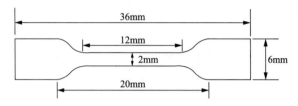

图3-1　力学性能测试样品的形状与规格图

利用DVA-225型动态力学分析仪对PPS基复合材料进行动态力学分析，测试样品与力学测试样品一致，以10℃/min的升温速率从室温加热至300℃，夹持距离为20mm，频率为10Hz。

（三）热稳定性测试

采用TA-Q500型热重分析仪在N_2氛围下对PPS基复合材料进行热稳定性测试，取真空干燥后的试样8~10mg，温度测试范围为30~800℃，升温速率为10℃/min，N_2流速为50mL/min。

（四）流变性能测试

首先利用SA-303型台式热压机和自制圆形片状模具在290℃、20MPa下将PPS基复合材料切粒制备成直径为25mm、厚度为1mm的圆形预制件。然后采用Physica MCR301高级旋转流变仪对PPS基复合材料进行测试分析，流变测试采用直径为25mm的圆形平行板测试系统，测试温度为300℃，固定形变为1%，角频率ω为600~0.1rad/s。

（五）结晶性能测试

采用TA-Q200差示扫描量热仪对PPS基复合材料进行结晶性能及非等温过程分析。称取经真空干燥后的样品6~10mg放入铝坩埚中并密封，在N_2氛围下（50mL/min）以10℃/min的升温速率从30℃升温至320℃，并在320℃下保温5min使样品完全熔融以消除热历史，然后以20℃/min的降温速率降至30℃，第二次升温再以20℃/min的升温速率从30℃升温至320℃，从降温曲线和第二次升温曲线获得结晶和熔融行为的热力学参数。

PPS基复合材料的非等温测试过程与结晶性能测试第一次升温过程一样，只是分别以5℃/min、10℃/min、15℃/min和20℃/min的降温速率冷却至30℃，并分别从降温曲线中获取结晶行为热力学参数。

（六）耐氧化性能测试

本章利用多种表征手段对PPS基复合材料的耐氧化性能行进测试表征。首先配制每种酸浓度均为1mol/L的盐酸/硫酸/硝酸的混合酸溶液，然后将力学测试样品放入其中，在

90℃下处理48h，然后取出洗净晾干备用。对氧化处理前后的样品进行力学测试分析，观察对比拉伸强度损失率，测试过程和力学性能测试一致；利用傅里叶变化衰减全反射光谱技术（ATR–FTIR）对氧化前后的样品进行测试分析，观察官能团的种类变化及半定量分析官能团含量变化，测试范围为4000~400cm^{-1}；采用AXIS–ULTRA DLD多功能X射线光电子能谱仪（XPS）对氧化前后样品进行表面元素分析，测定元素含量变化，激发源为Al K$_a$，分析室真空度为2×10^{-6}Pa，宽幅扫描过程中通过能为50eV，扫描步长为0.5eV，窄幅扫描过程中通过能为20eV，扫描步长为0.05eV，发射电压为15kV，发射电流为10mA。

第二节　结果与讨论

一、PPS/OMMT复合材料形态结构分析

　　PPS树脂及PPS/OMMT复合材料淬断面的扫描电镜图如图3-2所示。从纯PPS树脂的电镜图中可以看出其断面较为平整光滑，存在一些裂纹可能是淬断过程中应力转移导致，而

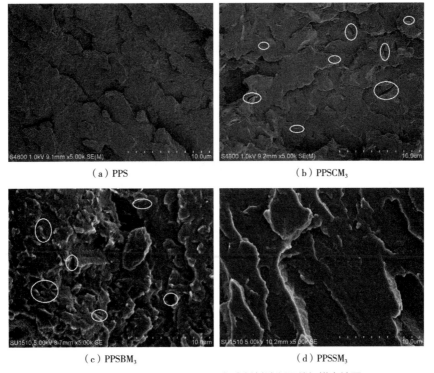

（a）PPS　　　　　　　　　　　　　　（b）PPSCM$_3$

（c）PPSBM$_3$　　　　　　　　　　　　（d）PPSSM$_3$

图3-2　PPS及PPS/OMMT复合材料淬断面的扫描电镜图

PPSCM$_3$和PPSBM$_3$的断面变得粗糙甚至出现了一些长条状的缺口，这些缺口应该是在淬断过程中拔出OMMT留下的痕迹，同时，也可以观察到并没有明显的OMMT团聚颗粒出现，也没有明显的界面出现，表明OMMT与PPS基体的界面相互作用较好，结合较为紧密；但也应该注意到PPSSM$_3$的断面与纯PPS树脂相似，也是比较平整光滑，其与前两种复合材料的断面不同，需进一步的测试分析。

图3-3为PPS树脂及PPS/OMMT复合材料的XRD图。XRD主要用来表征复合材料的插层情况，通过Bragg公式根据复合材料XRD图上衍射峰2θ的位置可以计算得到OMMT片层的层间距。如果没有发生插层，层间距不会发生变化，衍射角2θ也不会发生位移，但若是OMMT在熔融插层过程中发生降解，OMMT片层则会在层间力作用下回缩，层间距缩小，衍射角2θ随之向大角度方向移动；反之，如果聚合物分子链成功插层进入OMMT片层之间，层间距增大，衍射角2θ随之向小角度方向移动；若是OMMT的片层发生完全剥离呈无序状态，层间距则已超出XRD的测试范围，在XRD图谱上观察不到衍射峰的存在。研究表明[137]MMT与PPS树脂熔融插层复合的过程可以分为分散过程和插层过程，分散过程为MMT颗粒由大变小并在PPS基体中均匀分散的过程，其与插层过程中剪切力大小，剪切作用时间长短及OMMT与PPS界面作用力大小有关；插层过程是PPS大分子链进入MMT片层之间的过程，OMMT与PPS间的作用力影响其发生，且插层过程速度快，几乎是瞬时完成的。

从图3-3（a）可以观察到，PPSCM$_x$复合材料中CTAB-MMT在$2\theta=2.4°$和$4.7°$处的两个原始衍射峰已经消失不见，而在$2\theta=7.0°$处出现了一个新的衍射峰，这个衍射峰的位置与天然Na-MMT的衍射峰的位置是一样的。这表明CTAB-MMT与PPS在熔融插层过程中，CTAB-MMT因热稳定性较差发生降解，PPS大分子链在其完全降解前无法插层进入MMT层间，MMT片层在有机改性剂降解后发生回缩，因此，其衍射峰与Na-MMT的一致，这一现象也与Zou等人[68]使用其他季铵盐改性MMT再与PPS熔融插层复合的研究一致，PPSCM$_x$复合材料为相分离结构。从图3-3（b）中可以观察到，当PPSBM$_x$复合材料中Bz-MMT的含量在1%时，衍射图谱上除了$2\theta=4.3°$处PPS树脂自身的衍射峰外观察不到其他衍射峰，这表明MMT片层的层间距已超出XRD的测试范围或者片层呈无序结构，其形成了剥离结构，但当Bz-MMT的含量增加到3%及其以上时，复合材料中Bz-MMT在$2\theta=2.7°$处的衍射峰消失，而在$2\theta=3.0°$处出现了新的衍射峰，其对应的层间距为2.94nm，远大于天然Na-MMT的1.2nm。这可以归结为Bz-MMT含量增多，其部分颗粒在分散过程中发生了部分降解导致层间距缩小，但在插层过程中，PPS分子链会迅速插层进入Bz-MMT层间，层间距又扩大，同时，蒙脱土片层的阻隔屏蔽效应阻止了Bz的进一步降解，但是PPS分子链为线型分子链，其空间结构小于含两条长十六碳链的Bz，层间距与Bz-MMT相比会有一定的缩小，复合材料的衍射峰会向大角度有一定的偏移。因此，当Bz-MMT的含量较低时（≤1%），PPSBM$_x$复合材料形成剥离结构，当Bz-MMT的含量较高时（≥3%），PPSBM$_x$复合材料形成剥离结构与插层结构都存在的复合结构。从图3-3（c）可以观察到，PPSSM$_x$复合材料的XRD图谱中除了PPS树脂在2θ=4.3°处的衍射峰外，没有其他衍射峰出现，这可以推测为在SDBS-MMT不同含量下，PPSSM$_x$复合材料都呈现出剥离结构。

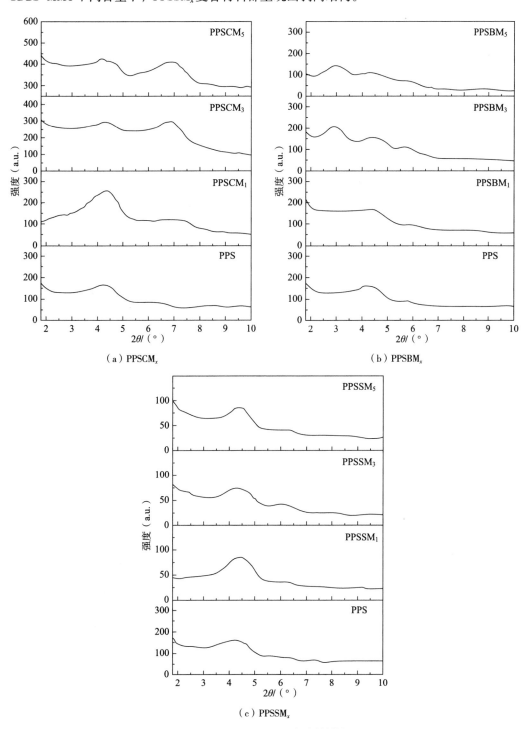

图3-3　PPS及PPS/OMMT复合材料的XRD图

注　a.u.指任意单位，数值没有实际意义，均经过归一化处理

　　从XRD图谱中可以计算得出整个PPS/OMMT复合材料中OMMT的层间距信息，而利用TEM可以更加直观地观察蒙脱土片层的分布、分散情况。OMMT含量为3%的PPS/OMMT复合材料的TEM图如图3-4所示。从图3-4（a）中可以观察到，PPSCM$_3$复合材料中CTAB-MMT的分布较为均匀没有出现较大的团聚颗粒，但从更大倍数的TEM图中可以明显看到蒙脱土的片层紧密聚集在一起，并没有发生插层或者剥离，与前面XRD的分析一致，PPSCM$_x$复合材料为相分离结构，应属于微米复合材料；从图3-4（b）中可以观察到Bz-MMT分散均匀一致，与PPSCM$_x$复合材料相比，基本没有团聚现象发生，蒙脱土片层厚度明显变小，从更大倍数的TEM图中可以观察到有剥离出的MMT单片层出现，同时也有排列有序的插层结构的MMT出现，这也与前面XRD的分析相佐证。而PPSSM$_x$复合材料的TEM图与前两者相比，即使在相同的OMMT含量下，电镜视野中出现的SDBS-MMT却极其稀少，几乎观察不到。同时，SDBS-MMT与PPS树脂进行熔融共混实验时，会出现SDBS-MMT在加料口受热后易吸附在螺杆与腔体表面的现象。结合PPSSM$_x$复合材料淬断面SEM图及XRD图谱，可以推断在熔融共混时绝大部分SDBS-MMT并没有与PPS熔体共混，而是黏附在螺杆与腔体表面；XRD中没有衍射峰的存在，是因为SDBS-MMT的含量极其微少而难以被检测；同时，从更大倍数的TEM图中可以看到存在的SDBS-MMT的厚度可达到200nm，并没有形成剥离或者插层结构，因此，PPSSM$_x$复合材料中SDBS-MMT的分散状况并不理想。

　　综合三种表征结果分析，表明只有Bz-MMT在PPS基体中的分散状况较为理想，其余两种复合材料的结构状态缺陷较大，因此，只对PPSBM$_x$复合材料进行力学性能、流变性能、结晶性能、热稳定性能和耐氧化性能测试表征分析。

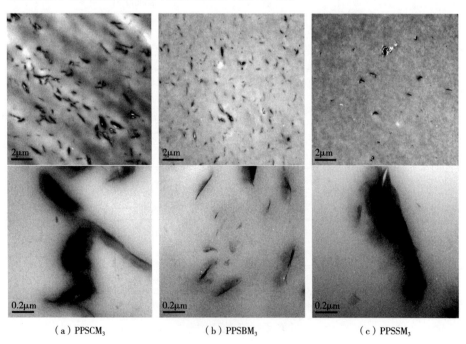

（a）PPSCM$_3$　　　　　　（b）PPSBM$_3$　　　　　　（c）PPSSM$_3$

图3-4　PPS/OMMT复合材料的TEM图

二、PPSBM$_x$纳米复合材料力学性能分析

PPSBM$_x$纳米复合材料的拉伸强度和拉伸模量与Bz-MMT含量的关系如图3-5所示。Bz-MMT作为一种片状纳米颗粒，能够良好地分散在PPS基体中，其较大的比表面积和与PPS树脂之间较强的作用力，使其力学增强效果较为明显。当Bz-MMT的含量为0.5%时，PPS的拉伸强度从76.5MPa增大到123.8MPa，提高了61.8%，其力学性能得到了较大的提高；而随着Bz-MMT含量的提高，其拉伸强度却呈现下降的趋势，当Bz-MMT的含量达到10%时，其复合材料的拉伸强度比纯PPS树脂还有所降低。结合前面的形态结构分析，这种力学变化趋势可以解释为当少量的Bz-MMT添加到PPS基体中时，其片层会剥离成单片，复合材料呈现剥离结构，剥离的蒙脱土片层会使PPS基体在断裂时裂纹的扩展路径增大，可以吸收部分能量提高塑性形变，同时，单片层与PPS基体间的强作用力及自身的大表面积使增强作用最为显著明显。当Bz-MMT的含量逐渐增加时，除了形成剥离结构外，还有部分蒙脱土片层不能够形成完全剥离的结构而是形成插层结构，其会降低蒙脱土片层的径厚比，也不利于拉伸应力的有效传递，因此，其增强作用有限。当Bz-MMT的含量进一步增加时，在与PPS熔融插层时部分Bz-MMT会来不及分散，多个片层聚集团聚，成为拉伸应力缺陷，同时，有机改性剂也会降解引发PPS分子的降解，因此，其拉伸强度低于纯PPS树脂。PPSBM$_x$复合材料的拉伸模量变化趋势与拉伸强度一致，当Bz-MMT含量为0.5%时，拉伸模量从1775.8MPa增加到2607.3MPa，提高了46.8%，这表明剥离的蒙脱土单片层对PPS复合材料的力学性能有着显著增强作用。

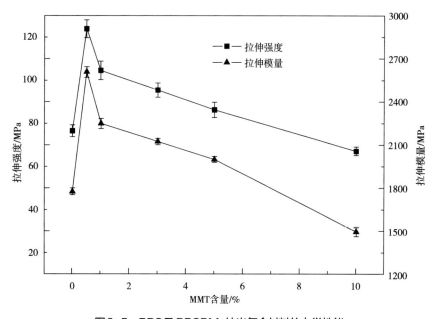

图3-5　PPS及PPSBM$_x$纳米复合材料的力学性能

　　PPSBM$_x$纳米复合材料的应力应变曲线如图3-6所示。从中可以观察到纯PPS树脂和PPSBM$_x$纳米复合材料均为脆性断裂，Bz-MMT的添加并没有改变PPS的断裂性质，PPSBM$_x$复合材料的断裂伸长率只有小幅度的提高，当Bz-MMT的含量为0.5%时，其由2.1%提高到3.1%，这是因为剥离的蒙脱土片层可以起到增塑剂的作用，使PPS分子链段及整个大分子的运动能力得到提高，因而复合材料的韧性得到提高。PPSBM$_{10}$复合材料的韧性比纯PPS差，其与Bz-MMT的片层聚集团聚引起的结构缺陷有关。

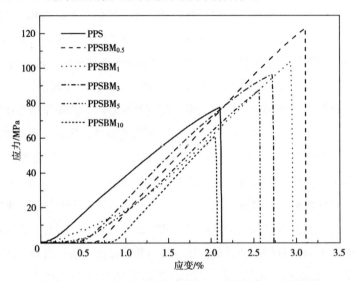

图3-6　PPS及PPSBM$_x$纳米复合材料的应力应变曲线

　　动态力学测试（DMA）可以表征聚合物材料的结构变化，是研究聚合物力学松弛和玻璃化转变温度的有效手段。PPS树脂及PPSBM$_x$复合材料的DMA曲线如图3-7所示，表3-2列出了复合材料在40℃时的储能模量（E'）、损失模量在最大时的数值（E''）及玻璃化转变温度（T_g）。储能模量可以反映出复合材料的刚度。

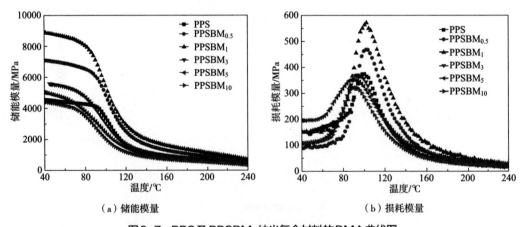

（a）储能模量　　　　　　　　　（b）损耗模量

图3-7　PPS及PPSBM$_x$纳米复合材料的DMA曲线图

从图3-7（a）及表3-2可以看出，随着Bz-MMT含量的提高，储能模量呈现先提高后降低的趋势，当Bz-MMT的含量为10%时，其储存模量甚至低于纯PPS树脂。PPSBM$_1$纳米复合材料的E'为8901.3MPa，几乎是纯PPS的一倍，表明剥离的纳米片层对PPS基体有着显著的增强效果。损耗模量则可以反映复合材料的韧性，韧性与复合材料的损耗能量呈正相关。从图3-7（b）及表3-2可以看出，随着Bz-MMT含量的提高，损耗模量也呈现先提高后降低的趋势，与储存模量的变化趋势一致。PPSBM$_1$纳米复合材料的E''为572.5MPa达到最大，表明剥离的Bz-MMT片层不仅可以增加PPS基复合材料的刚性，还可以增加复合材料的韧性，当含量达到3%及以上时，复合材料的E''比纯PPS还要低。从表3-2也可以看出，T_g随Bz-MMT含量的变化趋势与E''随Bz-MMT含量的变化趋势一致。剥离的蒙脱土片层与PPS基体间的相互作用及自身对分子链运动的限制使T_g向高温方向移动，但是当Bz-MMT含量增加时，片层的聚集团聚会对复合材料基体造成一定的结构缺陷，以及有机改性剂分解脱离蒙脱土片层并分散在基体中起到增塑剂的作用，从而导致E''和T_g减小，这与前面的力学测试表征基本相吻合。

表3-2　PPS及PPSBM$_x$纳米复合材料的DMA曲线参数

样品	E'（40℃）/MPa	E''/MPa	T_g/℃
PPS	4573.1	374.7	100.4
PPSBM$_{0.5}$	7113.5	468.2	103.9
PPSBM$_1$	8901.3	572.5	102.6
PPSBM$_3$	5634.6	371.4	94.1
PPSBM$_5$	5047.4	353.7	90.4
PPSBM$_{10}$	4437.1	322.7	92.2

三、PPSBM$_x$纳米复合材料流变性能分析

测定分析聚合物的线性黏弹性行为是一种表征聚合物/MMT纳米复合材料的结构的有效的方式[79]。通过对复合材料进行动态频率扫描可以对Bz-MMT在PPS基体中的结构形成及PPS分子链与Bz-MMT片层表面的相互作用进行研究分析。图3-8为300℃下纯PPS树脂及PPSBM$_x$纳米复合材料的储能模量（G'）、损耗模量（G''）和复数黏度（η^*）与角频率（ω）之间的关系曲线。由图3-8（a）所示，PPS及PPSBM$_x$纳米复合材料的G'和G''都随着ω增加而增长，这主要是由Bz-MMT片层之间的相互摩擦作用引起，PPSBM$_x$纳米复合材料在剪切形变过程中，Bz-MMT片层会在一定程度上阻碍PPS熔体的流动，并且片层与PPS

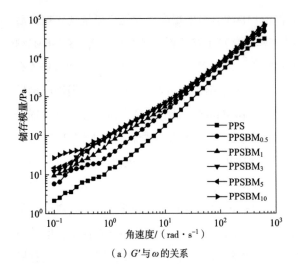

（a）G' 与 ω 的关系

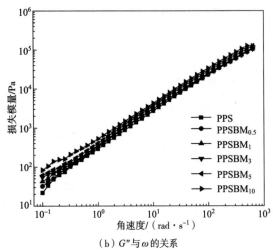

（b）G'' 与 ω 的关系

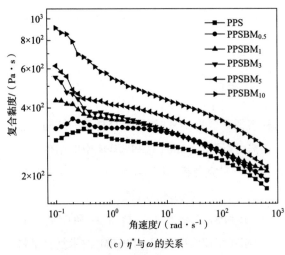

（c）η^* 与 ω 的关系

图 3-8　纯 PPS 树脂及 PPSBM$_x$ 纳米复合材料在 300℃
下 G'、G''、η^* 与 ω 的关系曲线

分子链之间有较强的作用力，因此，纳米复合材料会表现出更高的模量。在低频区域内可以明显观察到 PPSBM$_x$ 纳米复合材料的 G' 随着 Bz-MMT 的含量增加而增大且差异巨大。这是因为在低频区内，PPS 分子链是完全松弛状态并表现出类均聚物的端基行为直至最低频率，PPS 分子链的受限行为引起模量的提高；而在高频区域，PPS 松弛过程会变短，频率成为影响模量的主要因素，所以，PPSBM$_x$ 纳米复合材料与纯 PPS 树脂的差异会减小。也可以观察到，添加 Bz-MMT 后纳米复合材料的 G' 在低频区倾向形成一个平台，这表明一个从类液体松弛向类固体松弛的转变，这一现象可以归为 Bz-MMT 纳米片层在 PPS 基体中互穿网络结构的形成[138-139]。除此之外，从图 3-8（b）也可以看出，随着 Bz-MMT 含量的增加，G'' 也随之增大，但是增大的幅度较小，这是由于 PPSBM$_x$ 纳米复合材料的变化更多的是反映在 G' 而不是损耗模量 G''[140]。

复数黏度（η^*）是用来表征聚合物熔体流动性能的主要参数，其大小可以反映聚合物熔体中分子链段运动的难易程度。由图 3-8（c）所示，在整个测试频率范围内，PPSBM$_x$ 复合材料的 η^* 随着 Bz-MMT 含量的增加而增大，这是因为 Bz-MMT 的片层对 PPS 大分子链的运动起阻碍作用，并有可能形成互穿网络结构使熔体流动困难，Bz-MMT 的含量越高，这种阻碍作用越明显。PPS 树脂的 η^* 随 ω 的增大而呈现先上升后下降的趋势，其在低频区形成了一个

"高台"，属于牛顿流体行为，而后随着 ω 的增大而减小属于剪切变稀行为。Bz-MMT含量为0.5%的纳米复合材料的 η^* 变化与纯PPS树脂类似，且在整个测试范围内，与纯PPS树脂相比，η^* 增加变化幅度很小。当Bz-MMT的含量增加到1%时，牛顿流体行为开始消失，表明Bz-MMT开始慢慢形成连续的互穿网络结构，当Bz-MMT的含量增加到3%及其以上时，PPPSBM$_x$纳米复合材料只表现出剪切变稀行为[79]。PPSBM$_x$纳米复合材料 η^* 的增加以及 G' 在低频区域形成的类平台都可归因于Bz-MMT片层的纳米级分散和片层与PPS大分子间的相互作用。

四、PPSBM$_x$纳米复合材料结晶性能分析

（一）DSC曲线分析

PPS为半结晶性聚合物，结晶性能对PPSBM$_x$复合材料的性能有着显著的影响。PPS树脂及PPSBM$_x$纳米复合材料的DSC曲线如图3-9所示，其热性质参数在表3-3中列出。结晶度（X_c）根据公式（3-1）计算：

$$X_c = \frac{\Delta H_m}{\Delta H_f(1 - W_f)} \times 100\% \qquad （3-1）$$

式中：X_c 为结晶度；ΔH_m 为PPS的熔融热焓（J/g）；ΔH_f 为100%结晶的PPS的熔融热焓，为77.5J/g；W_f 为Bz-MMT在复合材料中的质量分数。

表3-3　PPS树脂及PPSBM$_x$纳米复合材料的DSC特征参数

样品	T_{co}/℃	T_c/℃	ΔH_c/（J·g^{-1}）	T_{mo}/℃	T_m/℃	ΔH_m/（J·g^{-1}）	X_c/%	ΔT/℃
PPS	238.4	231.6	39.6	269.2	279.0	37.0	47.7	47.4
PPSBM$_{0.5}$	243.2	238.2	42.9	270.3	280.9	42.4	54.9	42.7
PPSBM$_1$	244.5	238.6	42.3	269.9	281.6	42.9	55.9	43.0
PPSBM$_3$	245.9	239.8	41.2	269.9	281.4	42.1	55.9	41.6
PPSBM$_5$	243.4	237.6	40.3	269.9	281.8	39.3	53.3	44.2
PPSBM$_{10}$	243.9	238.1	40.8	269.7	281.6	39.6	56.7	43.5

一般而言，无机颗粒对聚合物结晶的影响主要分为两方面：一方面，添加无机颗粒会导致异相成核结晶，促进聚合物结晶，提高结晶度；另一方面，无机颗粒的添加提高了聚合物共混体系的黏度，阻碍聚合物的链段运动和抑制结晶[91]。从图3-9（b）和表3-3可以观察到，Bz-MMT的添加使PPS的结晶温度提高了大约8℃，过冷度（$\Delta T = T_m - T_c$）降低了大约6℃。过冷度的降低表明Bz-MMT的存在使PPS产生了一个加速成核过程，结晶

速率提高。因此，当一定量Bz–MMT添加到PPS时，剥离的Bz–MMT片层起到异相成核作用，提高了结晶速率和促进了PPS结晶，第一方面起主要作用。由表3–3可知，Bz–MMT的添加显著提高了PPS的初始结晶温度（T_{co}）和结晶温度（T_c），且随着Bz–MMT含量的增加，T_{co}和T_c呈现先增加后减少的趋势，但都显著高于纯PPS树脂，这是由于大量Bz–MMT的增加会使复合体系的黏度增加，因而结晶性能有所下降，第二方面开始起作用但不占主导地位。同时，Bz–MMT的添加也使PPS的起始熔融温度（T_{mo}）、熔融温度（T_m）和熔融热焓（ΔH_m）增大，表明Bz–MMT的添加使PPS基体中不完全结晶部分减少，提高了结晶完整度。

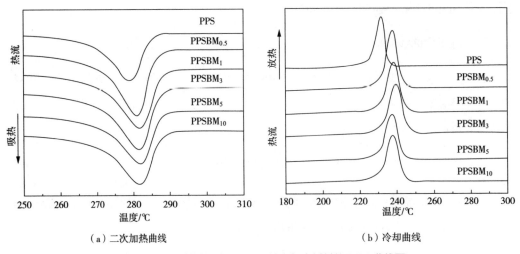

（a）二次加热曲线　　　　　　　　　　（b）冷却曲线

图3–9　PPS树脂及PPSBM$_x$纳米复合材料的DSC曲线图

（二）非等温结晶分析

热塑性半结晶聚合物的非等温结晶动力学研究分析具有重要的技术价值，可以探究聚合物结构及温度场变化对其结晶性能的影响，且与聚合物的实际加工条件相似，因此，也对结晶高聚物的加工过程具有指导意义。PPS树脂及PPSBM$_x$纳米复合材料在不同冷却速度下的非等温结晶放热曲线如图3–10所示。PPS及PPSBM$_x$纳米复合材料的冷结晶初始温度（T_{co}）、结晶温度（T_c）和半结晶时间（$t_{1/2}$）在表3–4中列出。从DSC图谱和表3–4可以看出，随着冷却速度的提高，PPS树脂的结晶过程朝低温方向移动并且结晶峰变宽的同时半结晶时间（$t_{1/2}$）缩短。PPSBM$_x$纳米复合材料的结晶行为也出现了相似的变化趋势，表明冷却速率越低，PPS在越高的温度开始结晶。这是由于PPS的结晶过程为一个松弛过程，PPS大分子链的重排结晶需要一定的时间，结晶过程与降温过程并不同步，在较低的结晶速率下，PPS分子链能够有充足的时间克服成核能量势垒，其排列也更为有序，因此，能在较高的温度下开始结晶。然而当冷速率提高后，PPS分子链没有充分的时间重排结晶，因此，导致晶体完整度较差，结晶峰变宽，$t_{1/2}$减小。冷却速率提高，PPS分子链活动受到限制，重排结晶的速率慢于温度下降的速率，因此，晶核核心需要更多的过冷度来变得活跃才能重排结晶，结晶放热峰向低温方向移动。

表3-4　PPS及PPSBM$_x$纳米复合材料的冷结晶初始温度（T_{co}）、结晶温度（T_c）和半结晶时间（$t_{1/2}$）

样品	冷却速率/（℃·min^{-1}）	T_{co}/℃	T_c/℃	$t_{1/2}$/min
PPS	5	248.3	242.7	2.49
	10	244.6	237.5	1.53
	15	241.7	234.3	1.01
	20	238.4	231.6	0.77
PPSBM$_1$	5	256.3	251.8	2.23
	10	251.9	247.0	1.18
	15	248.5	243.1	0.84
	20	244.5	238.6	0.68
PPSBM$_3$	5	255.6	251.1	1.77
	10	250.8	245.6	1.11
	15	247.9	242.0	0.84
	20	245.9	239.8	0.67
PPSBM$_5$	5	254.0	249.4	2.09
	10	249.6	244.7	1.21
	15	246.7	241.4	0.86
	20	243.4	237.6	0.70

从表3-4可以看出，在给定的冷却速率下，PPS树脂与PPSBM$_x$纳米复合材料的T_c对比表明Bz-MMT的添加可以提高PPS的结晶温度，这是由于Bz-MMT纳米片层与PPS分子链之间存在较强的界面作用，PPS分子链段容易吸附成核克服成核能量势垒，结晶过程较为容易，导致结晶温度升高，同时，在较快的冷却速率下也可在较高的温度下开始结晶。然而PPSBM$_x$纳米复合材料的T_c并不是随着Bz-MMT的含量增加而单调增大的，其呈现先提高后下降的趋势，这表明T_c对Bz-MMT的含量存在明显的依赖关系，这可能是由于作为异相成核剂Bz-MMT对PPS大分子链的吸附存在一个饱和值，当超过这个饱和值后再提高Bz-MMT含量对PPS分子链的吸附作用增加有限，过量Bz-MMT反而会产生团聚难以成为成核点，同时会阻碍限制PPS分子链和链段的运动和滑移，阻碍结晶，导致结晶峰向低温移动。PPSBM$_1$纳米复合材料在10℃/min的冷却速率下，其结晶温度提高了9.5℃，表明添加Bz-MMT可有效提高PPS的结晶温度促进结晶。

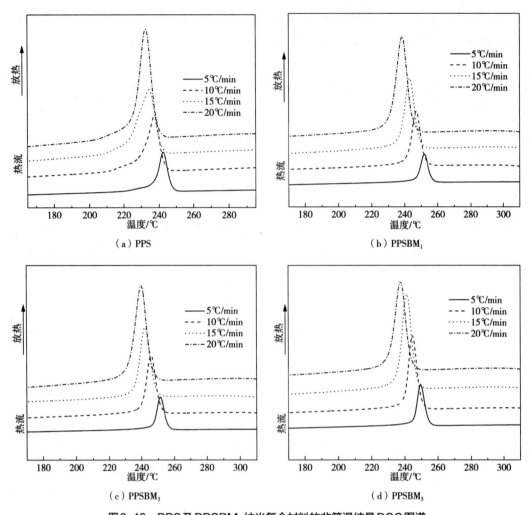

（a）PPS　　　　　　　　　　　（b）PPSBM₁

（c）PPSBM₃　　　　　　　　　　（d）PPSBM₅

图3-10　PPS及PPSBM$_x$纳米复合材料的非等温结晶DSC图谱

（三）非等温结晶动力学分析

　　PPS为半结晶聚合物，在实际加工过程中属于非等温结晶过程，添加Bz-MMT纳米片层影响PPS的结晶，因此，有必要对PPSBM$_x$纳米复合材料的非等温结晶动力学进行研究分析。

　　对DSC结晶放热曲线积分，根据式（3-2）可得到相对结晶度（X_T）和温度（T）的函数关系[141-143]：

$$X_T = \frac{\int_{T_0}^{T} (\mathrm{d}H_c/\mathrm{d}T)\,\mathrm{d}T}{\int_{T_0}^{T_\infty} (\mathrm{d}H_c/\mathrm{d}T)\,\mathrm{d}T} \tag{3-2}$$

　　式中：$\mathrm{d}H_c$表示在无限小温度区间$\mathrm{d}T$内的冷结晶释放的热焓（J/g）；T_0、T和T_∞分别表示结晶开始、任意和终止时温度（℃）。

由上述公式得到的 X_T 对 T 变化的曲线如图3-11所示。由图可知，随着冷却速率增加，达到相同的相对结晶度需在更低的温度下才能达到。

在非等温结晶过程中，根据式（3-3）计算结晶时间（t）与温度（T）之间的关系[141-143]：

$$t = \frac{T - T_0}{v} \qquad (3-3)$$

式中：T_0 是 $t=0$ 时的结晶开始温度（℃）；T 是 t 时刻的温度（℃）；v 是冷却速率（℃·min^{-1}）。

根据式（3-2）和式（3-3），可以将相对结晶度（X_T）对温度（T）的关系转换为相对结晶度（X_T）对时间（t）的关系，其关系如式（3-4）所示[141-143]：

$$X_T = \frac{\int_{t_0}^{t} (dH_c/dt)\,dt}{\int_{t_0}^{t_\infty} (dH_c/dt)\,dt} \qquad (3-4)$$

式中：t_0 和 t_∞ 分别表示冷结晶过程的开始和终止时间。

相对结晶度（X_T）对时间（t）的关系图如图3-12所示。

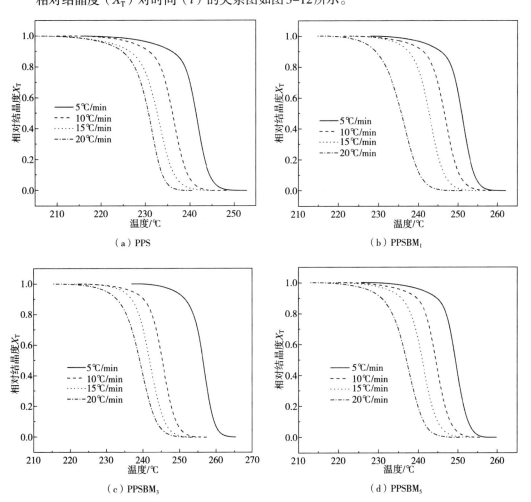

（a）PPS

（b）PPSBM$_1$

（c）PPSBM$_3$

（d）PPSBM$_5$

图3-11　PPS及PPSBM$_x$纳米复合材料在不同冷却速率下 X_T 与 T 关系图

　　由图3-12可以观察到所有样品的曲线呈S形，表明结晶过程是逐渐从成核诱导期开始，紧接着是晶核的生成、晶体的加速生长期，在很短的时间内相对结晶度就可接近100%，最后为球晶生长平衡而放缓期。同时，随着冷却速率的加快，样品要达到相同的相对结晶度需要更短的结晶时间，这是由于冷却速率提高，PPS分子链很快就被冻结而无法运动，所以，结晶时间较短。从图3-12可以得到PPS及PPSBM$_x$纳米复合材料的半结晶时间$t_{1/2}$并列在表3-4中，其与冷却速率的关系如图3-13所示。显而易见，$t_{1/2}$与Bz-MMT及冷却速率存在依赖关系，在给定冷却速率下，PPSBM$_x$纳米复合材料的$t_{1/2}$都低于纯PPS，这表明Bz-MMT的添加加速了PPS的结晶速率。$t_{1/2}$随着Bz-MMT含量的增加呈现先减小后增大的变化趋势，表明少量的Bz-MMT对加速结晶速率更有效。当Bz-MMT的含量为3%时，$t_{1/2}$的值最小，Bz-MMT的纳米片层起到了异相成核剂的作用而促进了结晶。当Bz-MMT的含量超过3%时，$t_{1/2}$开始变大，表明过量的纳米片层会妨碍限制PPS分子链的运动从而妨碍了结晶过程。

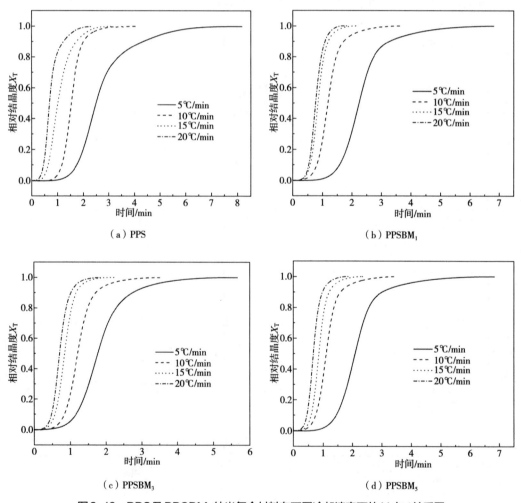

图3-12　PPS及PPSBM$_x$纳米复合材料在不同冷却速率下的X_T与t关系图

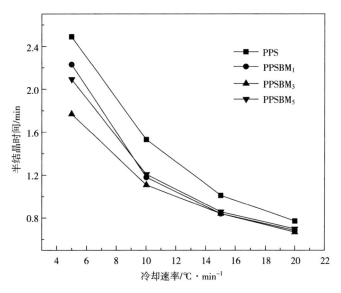

图3-13　PPS及PPSBM$_x$纳米复合材料的半结晶时间$t_{1/2}$与冷却速率关系图

　　Ozawa方程[144-145]被广泛用来描述聚合物的非等温结晶过程，Ozawa理论认为非等温结晶过程是由无数无限小的等温步骤组成的，结晶度根据式（3-5）计算：

$$\lg[-\ln(1-X_t)] = \lg K(T) - m \lg v \qquad （3-5）$$

　　式中：$K(T)$是与温度有关的动力参数；m为Ozawa指数，其与成核和晶体生长机制有关。如果样品的非等温结晶动力学符合Ozawa方程，利用$\lg[-\ln(1-X_t)]$对$\lg v$作图可拟合得到直线，其中直线的斜率为m，截距为$K(T)$。

　　PPS及PPSBM$_x$纳米复合材料的$\lg[-\ln(1-X_t)]$对$\lg v$的图线如图3-14所示。由图可知，利用Ozawa方程作图，$\lg[-\ln(1-X_t)]$对$\lg v$并不能拟合得到较好的线性关系，因此，Ozawa方程并不能用来理想表示PPSBM$_x$纳米复合材料的非等温结晶动力学，这也与先前关于PPS

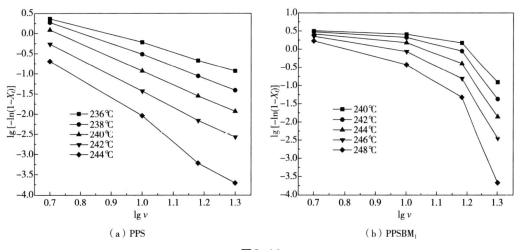

（a）PPS　　　　　　　　　　　　　　　（b）PPSBM$_1$

图3-14

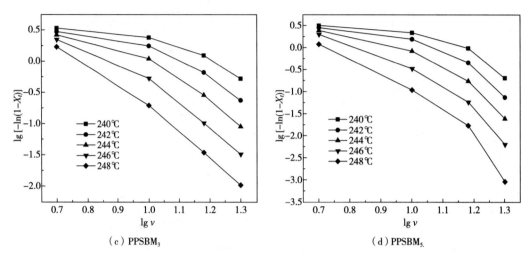

图3-14　PPS及PPSBM$_x$纳米复合材料在不同冷却速率下lg［-ln（1-X_t）对lg$v$的图

和其复合材料的研究报道[146-147]一致。Ozawa方程不适于表示PPS可归因于PPS在非等温结晶过程中存在二次结晶过程，而这一过程是Ozawa方程所忽视的。

　　Mo方程[148-149]则是综合了Avrami方程和Ozawa方程提出的一种新模型，其能更有效地研究分析聚合物的非等温结晶动力学，其方程式如式（3-6）所示：

$$\lg v = \lg F(T) - \alpha \lg t \tag{3-6}$$

　　式中：$F（T）$是单位结晶时间内聚合物体系达到一定结晶度所需要的冷却速率（℃·min^{-1}）；α为Avrami指数n与Ozawa指数m的比值。$F（T）$具有明确的物理和实际意义，其值越小，结晶速率越高。

　　PPS及PPSBM$_x$纳米复合材料在给定不同的结晶度（X_c）下lg$v$对lg$t$作图可得图3-15。由图可知，lg$v$对lg$t$所作图线显示了良好的线性关系，表明Mo方程可以有效正确地表示PPS及其复合材料的非等温结晶动力学。图3-15中直线的斜率为α，截距为$F（T）$，分别列在表3-5中。由表可知，所有样品的$F（T）$值都随着相对结晶度的增加而增大，表明在单位时间内达到一定的结晶度需要的冷却速率提高。在给定的相对结晶度下，PPSBM$_x$纳米复合材料的$F（T）$值都低于纯PPS树脂，这表明Bz-MMT的添加通过影响PPS成核和晶体生长加速了非等温结晶过程。除此之外，PPSBM$_3$的$F（T）$值在纳米复合材料中最低，表明添加Bz-MMT时有一个最适浓度可以最大程度提高PPS的结晶速率，这也与前面半结晶时间$t_{1/2}$的分析一致。同时，可以观察到α值的变化程度并不明显，纯PPS树脂的为1.17~1.19，PPSBM$_x$纳米复合材料在不同Bz-MMT含量下的变化幅度不超过0.06。

表3-5 Mo方程中PPS及PPSBM$_x$纳米复合材料在不同相对结晶度的非等温动力学参数

X_c/%	PPS		PPSBM$_1$		PPSBM$_3$		PPSBM$_5$	
	α	$F(T)$	α	$F(T)$	α	$F(T)$	α	$F(T)$
20	1.16	10.7	1.20	9.5	1.46	8.5	1.20	9.1
40	1.18	13.2	1.21	11.5	1.47	11.0	1.22	11.2
50	1.19	16.2	1.24	13.5	1.45	13.2	1.23	13.2
60	1.17	20.0	1.25	17.0	1.41	16.6	1.26	15.8

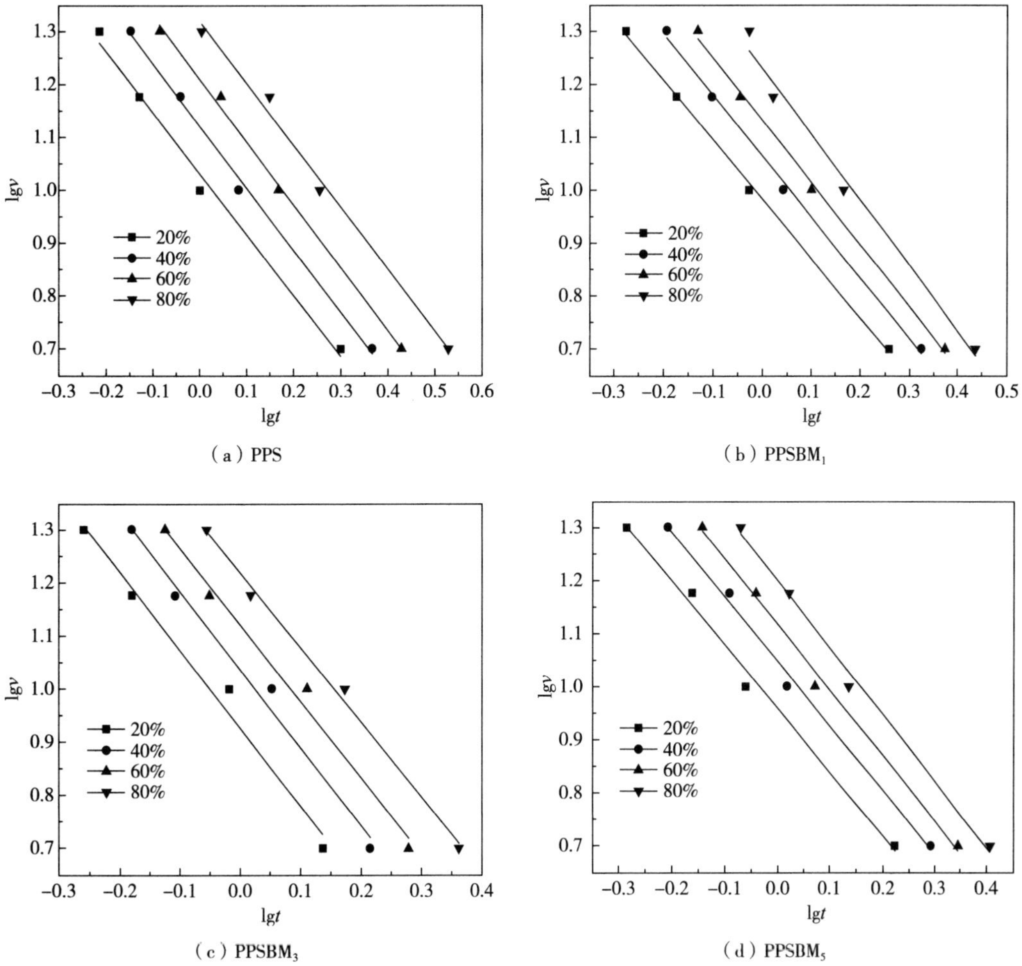

（a）PPS （b）PPSBM$_1$

（c）PPSBM$_3$ （d）PPSBM$_5$

图3-15 PPS及PPSBM$_x$纳米复合材料在不同相对结晶度下lg$v$对lg$t$的图

（四）结晶活化能分析

结晶活化能（E_c）也会对结晶速率产生影响，基于结晶温度（T_c）和冷却速率α，Kissigner等人提出E_c可根据式（3-7）计算[141, 143, 149]：

$$\frac{\mathrm{d}[\ln(\nu/T_\mathrm{c}^2)]}{\mathrm{d}(1/T_\mathrm{c})} = -\frac{E_\mathrm{c}}{R} \qquad (3-7)$$

式中：T_c，R和ν分别为结晶峰值温度（℃）、常用气体常数和冷却速率（℃·min^{-1}）。

图3-16是PPS及PPSBM$_x$纳米复合材料$\ln(\nu/T_\mathrm{c}^2)$对$1/T_\mathrm{c}$关系图。由图可知，$\ln(\nu/T_\mathrm{c}^2)$对$1/T_\mathrm{c}$呈现良好的线性关系，根据直线的斜率计算样品的结晶活化能，其数值列在表3-6中。

表3-6　PPS及PPSBM$_x$纳米复合材料的结晶活化能

样品	PPS	PPSBM$_1$	PPSBM$_3$	PPSBM$_5$
E_c（kJ·mol^{-1}）	282.3	267.9	257.1	272.3

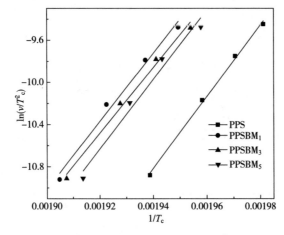

图3-16　PPS及PPSBM$_x$纳米复合材料$n(\nu/T_\mathrm{c}^2)$对$1/T_\mathrm{c}$关系图

结晶活化能是聚合物分子链折叠进入晶格所需要的能量，E_c越小，聚合物越容易结晶。PPSBM$_x$纳米复合材料的E_c都明显小于纯PPS，然而E_c与Bz-MMT的含量存在依赖关系。当Bz-MMT的含量为3%时，其E_c值最小。一般来说，聚合物的结晶受两个因素影响：一个是动态因素，其与结晶单元的运动排列有关；另一个是静态因素，其与成核自由能量势垒有关[141]。在较低含量时，Bz-MMT的纳米片层作为异相成核点加速PPS的结晶过程；而当Bz-MMT的含量过高时，其会降低PPS在复合体系中的浓度并延缓PPS分子链移动而延迟成核结晶。因此，PPSBM$_5$复合材料需要更高的结晶活化能来开始结晶。

五、PPSBM$_x$纳米复合材料热稳定性分析

MMT片层具有良好的阻隔屏蔽作用，可阻隔延缓热量及分解产物的传递与扩散，因而与聚合物复合后可提高其热稳定性。然而，MMT经过有机改性剂改性后，其却有可能引起

聚合物/MMT复合材料热稳定性的降低[80, 150-151]。一方面，有机改性剂的热分解温度较低，其分解产物可能会诱发或催化聚合物基体的分解；另一方面，MMT片层本身有可能作为聚合物降解的无机催化剂。PPS及PPSBM$_x$纳米复合材料的TG和DTG曲线如图3-17所示，热分解参数列在表3-7中。

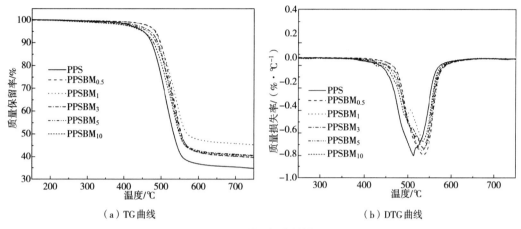

（a）TG曲线　　　　　　　　　　（b）DTG曲线

图3-17　PPS及PPSBM$_x$纳米复合材料的TG和DTG曲线图

从图3-17中可以看出PPS树脂及PPSBM$_x$复合材料的热分解过程均为一步分解过程，DTG曲线上只出现了一个大峰，Bz-MMT的添加可显著提高PPS的热稳定性。5%的热失重温度（$T_{5\%}$）常被用来看作材料的初始分解温度，从表3-7可以看出Bz-MMT的添加使PPS的初始分解温度显著增高，当Bz-MMT的含量为0.5%时，$T_{5\%}$提高了32.3℃，但是过量地添加Bz-MMT会使PPS的热稳定性降低，当Bz-MMT的含量为10%时，$T_{5\%}$甚至比纯PPS还要低1.6℃，这是因为大量的Bz-MMT中有机改性剂较低的热分解温度引起的。与纯PPS树脂相比，PPSBM$_x$复合材料的$T_{15\%}$和$T_{50\%}$也分别提高了8~24℃和16~36℃。同时，PPSBM$_x$的最大分解速率温度（T_{max}）也比纯PPS显著提高，其与Bz-MMT的含量呈现先增大后降低的趋势，当Bz-MMT的含量为1%时，T_{max}提高了25.5℃。蒙脱土片层对PPS热稳定性的增强作用可以归为蒙脱土片层起到了屏蔽阻隔的作用[152]，其限制了热分解过程中气体分解产物的扩散和逸出，同时延缓了热量的传递。除此之外，蒙脱土片层还可以促使PPS基体在热分解过程中形成保护性碳层，其可以延缓甚至隔绝热量及气体分解产物的扩散[153-155]，因而Bz-MMT的添加使PPS基体的热稳定性提高。

表3-7　PPS及PPSBM$_x$纳米复合材料的热分解参数

样品	$T_{5\%}$/℃	$T_{15\%}$/℃	$T_{30\%}$/℃	$T_{50\%}$/℃	$T_{HRI\%}$/℃	T_{max}/℃
PPS	452.2	484.7	507.0	533.9	237.7	512.3
PPSBM$_{0.5}$	484.5	508.9	528.1	554.4	250.2	536.5

续表

样品	$T_{5\%}$/℃	$T_{15\%}$/℃	$T_{30\%}$/℃	$T_{50\%}$/℃	$T_{HRI\%}$/℃	T_{max}/℃
PPSBM$_1$	482.9	507.1	533.5	570.1	251.5	537.8
PPSBM$_3$	470.9	501.1	524.8	553.6	246.6	536.6
PPSBM$_5$	463.5	498.7	522.6	550.6	244.5	532.5
PPSBM$_{10}$	450.6	492.1	518.4	549.1	240.7	532.1

通常采用统计法[156-157]来计算聚合物树脂的耐热指数温度（T_{HRI}），可用来表征聚合物长时间工作的极限温度，T_{HRI}可根据式（3-8）计算：

$$T_{HRI} = 0.49 \times [T_{5\%} + 0.6 \times (T_{30\%} - T_{5\%})] \tag{3-8}$$

式中：$T_{5\%}$、$T_{30\%}$分别为PPS热分解质量为5%和30%时的温度。

从表3-7可以发现PPSBM$_x$纳米复合材料的T_{HRI}随着Bz-MMT含量的增加呈现先增大后减小的趋势，这一现象也表明PPSBM$_x$纳米复合材料的耐热性也是随着Bz-MMT含量的增加先提升后下降，当Bz-MMT的含量为1%时，PPSBM$_1$的T_{HRI}比纯PPS树脂提高了约14℃，耐热性得到了显著提升。

六、PPSBM$_x$纳米复合材料耐氧化性能分析

聚合物在热氧、酸氧条件下，分子链易受到氧的攻击而发生氧化断裂，尤其是在高温和强酸环境下，聚合物的氧化速度会加速，分子链断裂同时断裂的分子链周围聚集大量的氧及自由基，自由基的连锁反应会进一步加剧分子链的氧化断裂降解，从而导致材料力学性能丧失，材料破坏，使用寿命缩短。

现阶段，衡量聚合物耐氧化性能的指标较多，主要可根据氧化处理后聚合物力学性能的保持率来表征，也可以分析氧化处理前后聚合物的官能团种类及含量变化和元素含量及价态变化来表征。

（一）拉伸强度分析

纯PPS树脂及PPSBM$_x$纳米复合材料的力学性能测试样品在热酸氧条件下进行氧化加速实验，并测量样品处理前后的拉伸强度保持率，用来表征样品耐氧化能力，结果如图3-18所示。由图可知，经过氧化处理后，纯PPS树脂的拉伸强度从76.5MPa降低至7.4MPa，拉伸强度损失率高达90.3%，表明拉伸样品受到严重热酸氧化，PPS分子链受到氧化发生了大量断裂，导致材料拉伸强度大幅度下降。PPSBM$_{0.5}$纳米复合材料的拉伸强度则是由

123.8MPa减小到61.1MPa，其拉伸强度损失率为50.6%，PPSBM$_1$纳米复合材料的拉伸强度则是由104.5MPa减小到47.6MPa，其拉伸强度损失率为54.3%，PPSBM$_3$纳米复合材料的拉伸强度从95.4MPa降为38.7MPa，强度损失率为59.4%。由此可见，PPSBM$_x$纳米复合材料的拉伸强度损失率明显小于纯PPS树脂，且经氧化处理后的PPSBM$_x$纳米复合材料的拉伸强度也明显高于纯PPS树脂。这一现象可以解释为PPSBM$_x$复合材料中剥离的Bz-MMT纳米片层，一方面，起到异相成核剂的作用，促进PPS的结晶使结晶度提高，无定型区的比例减少，加之PPS分子链在晶区中排列紧密有序，氧化性物质难以进入内部氧化使PPS分子链断裂；另一方面，自身起到屏蔽阻隔作用，延缓热量、O_2、NO_x和SO_x氧化性物质在PPS基体中的扩散并减少与PPS接触，同时，还可阻碍迟滞氧化降解产物在PPS基体中的扩散与析出，因而延缓PPS分子链的氧化降解。因此，PPSBM$_x$纳米复合材料的耐氧化性能高于纯PPS树脂。

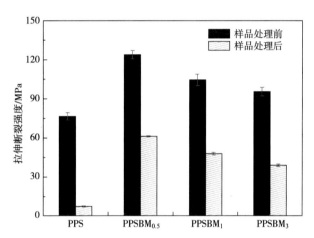

图3-18　氧化处理前后PPS及PPSBM$_x$纳米复合材料的拉伸强度变化

（二）化学官能团分析

利用全反射红外光谱分析（ATR-FTIR）表征样品氧化处理前后各官能团的种类及含量的变化，可间接表征样品的耐氧化能力并可对耐氧化机理进行探讨分析，图3-19为纯PPS树脂的红外光谱图。

由图3-19可以看出，1572cm^{-1}、1469cm^{-1}、1385cm^{-1}、1091cm^{-1}和807cm^{-1}等处的吸收峰都是PPS的特征吸收峰。1572cm^{-1}和1469cm^{-1}处均为苯环骨架的伸缩振动吸收峰，但1469cm^{-1}处与饱和碳氢（CH_3和CH_2）等强峰重叠因而在此后研究中缺乏价值。1385cm^{-1}处的峰为苯环面内C—C的伸缩振动吸收峰，1091cm^{-1}处为苯环上C—S键的伸缩振动吸收峰，807cm^{-1}处的强峰为苯环1，4对位取代特征峰，是C—H面外弯曲振动吸收峰。除此之外，1178cm^{-1}处为砜基—SO_2—的伸缩振动吸收峰，1075cm^{-1}处则为亚砜基—SO—的伸缩振动吸收峰[158]。纯PPS树脂中含有砜基和亚砜基是因为PPS中C—S键键能较低，易受到氧化，在合成、干燥及储存过程中都会受到缓慢氧化，砜基和亚砜基的形成是难以避免的。$1572cm^{-1}$处为PPS苯环骨架的伸缩振动峰，其性质稳定且不受干扰，因此，以此峰为基准，其他吸收峰的吸光度积分面积与之对比，即可得出该吸收峰的相对吸光度。

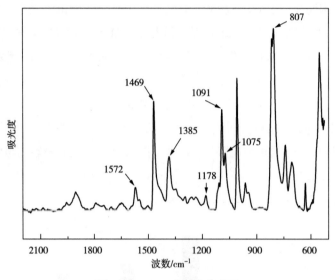

图3-19　PPS的红外光谱图

PPS树脂及$PPSBM_1$纳米复合材料氧化处理前后的红外光谱如图3-20所示，各官能团的相对吸光度列见表3-8。从图3-20（a）及表3-8中可以观察出，PPS经过氧化处理前后，基本官能团没有发生变化，但是氧化处理后的PPS在$1044cm^{-1}$处出现了一个新的吸收峰，其为芳香醚吸收峰，表明PPS分子链在氧化处理过程中被氧化而产生交联。$1178cm^{-1}$处为砜基吸收峰，氧化处理后相对吸光度增大，表明PPS树脂氧化程度加深；$1091cm^{-1}$处苯环上C—S键的相对吸光度大幅减少，说明氧化处理后C—S键基本结构有较大程度减少，这与苯环上C—S键键能较弱，易被氧化断裂有关；同时也应注意到$1075cm^{-1}$处亚砜基的相对吸光度也减小，表明经过氧化处理后PPS树脂中亚砜基含量也减少，这是因为亚砜基中S—O键的键级低于砜基中S—O的键级，即亚砜基中S—O键成键强度小于砜基中成键强度。因此，在氧化处理后PPS更易形成亚砜基，但是亚砜基中S处于不稳定的价态，长时间在氧化条件下极易被氧化形成砜基，造成亚砜基基团含量减少，因而其相对吸光度变小。$807cm^{-1}$处的苯环对位取代特征吸收峰相对吸光度也减小，表明苯环对位取代基团减少，PPS树脂发生交联，这也与前面芳香醚基团的产生分析一致。这表明纯PPS树脂经过氧化处理后氧化程度严重，分子链发生较大程度的断裂与交联。

从表3-8可以看出，$PPSBM_1$纳米复合材料与纯PPS树脂在氧化处理前其相同官能团的相对吸光度也有较大差异。$PPSBM_1$纳米复合材料与纯PPS树脂均在双螺杆熔融共混机中共混10min，同时又经过热压处理，在高温加工条件下，PPS也易发生氧化，这是PPS在纺丝注塑过程中难以避免的问题。Bz-MMT的添加可以在一定程度上延缓PPS在熔融加工过程中的氧化交联，苯环上C—S键及苯环对位取代峰的保留程度高于纯PPS。PPSBM$_1$纳米复合材料氧化处理后各个官能团相对吸光度的变化趋势与纯PPS树脂一致，但是各个特征峰因受氧化交联发生的变化程度明显变小。

表3-8　PPS树脂及PPSBM$_1$复合材料氧化处理前后红外光谱特征吸收峰相对吸光度

波数/cm^{-1}	相对吸光度			
	PPS氧化处理前	PPS氧化处理后	PPSBM$_1$氧化处理前	PPSBM$_1$氧化处理后
1572	1.00	1.00	1.00	1.00
1178	0.31	1.97	0.27	1.76
1091	3.62	2.52	3.71	2.89
1075	1.32	0.79	0.99	0.16
1044	—	2.46	—	2.40
807	9.92	9.27	11.07	9.57

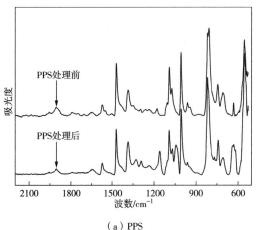

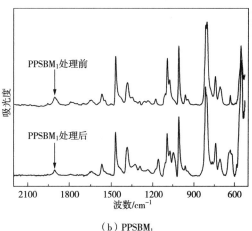

（a）PPS　　　　　　　　　　　　　（b）PPSBM$_1$

图3-20　PPS及PPSBM$_1$纳米复合材料氧化处理前后的红外光谱图

从图3-20（b）及表3-8可以看出，苯环上C—S键的减小程度明显少于纯PPS树脂，C—S键的相对吸光度也高于纯PPS；砜基的增加程度低于纯PPS树脂，亚砜基的减少程度大幅高于纯PPS；砜基、亚砜基及芳香醚的相对吸光度低于纯PPS，表明Bz-MMT的添加很大程度延缓了PPS的氧化交联。Bz-MMT在PPS基体中形成剥离结构、插层结构或两者共混结构，一方面，蒙脱土纳米片层起到阻隔屏蔽作用，延缓氧气及强酸在PPS基体中的扩散，增加了传播路径，减少其与PPS分子链的接触机会，同时也可以限制PPS氧化性产物的扩散而引起氧化连锁反应，进而延缓了PPS的氧化交联，提高耐氧化性；另一方面蒙脱土纳米片层促进PPS结晶，使结晶更为完善，PPS分子链的排列更为紧密有序，氧气及强酸小分子难以进入PPS晶体内部，外部的PPS分子链被氧化交联形成砜基后，结构趋于稳定，可以阻碍PPS的进一步氧化，因而Bz-MMT的添加改善了PPS的耐氧化性能。

（三）表面元素分析

为研究PPS经过氧化处理后Bz-MMT的添加对PPS元素含量变化的影响，利用XPS对PPS及PPSBM₁纳米复合材料进行测试研究，半定量分析各元素的相对含量。如图3-21所示为PPS树脂及PPSBM₁复合材料的XPS谱图，并对其进行了归一化处理。从图3-21可以看出，经过氧化处理后PPS及PPSBM₁纳米复合材料中O元素的含量都有提高，但是纯PPS的增加幅度更大。未处理前，纯PPS树脂的O元素对C元素的相对含量比为0.24；氧化处理后，纯PPS树脂提高为0.54，而PPSBM₁纳米复合材料仅为0.42，表明纯PPS树脂在氧化处理中S元素及C元素结合了大量外界O元素形成氧化交联，而PPSBM₁纳米复合材料中O元素的相对含量增幅较少表明Bz-MMT在一定程度上延缓阻止PPS分子链与O元素结合，提高了PPS树脂的耐氧化能力。

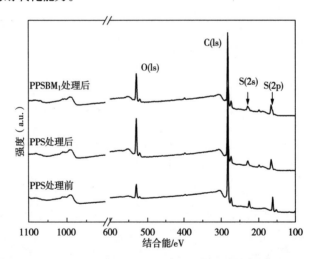

图3-21　PPS和PPSBM₁纳米复合材料氧化处理前后的XPS图谱

为进一步分析PPS分子链中S元素在氧化处理过程中的变化，对其进行窄幅扫描，研究价态变化。图3-22为纯PPS树脂及氧化处理后的PPS和PPSBM₁纳米复合材料的S_{2p}的XPS图谱，S元素各个官能团的含量在表3-9中列出。未氧化处理的PPS树脂的S_{2p}的分峰图谱如图3-22（a）所示，在163.7eV和164.9eV处出现了两个峰[159]，分别对应的是PPS中C—S键和亚砜基—SO—，与前面的ATR-FTIR分析基本一致，其各自含量在表3-9中列出。

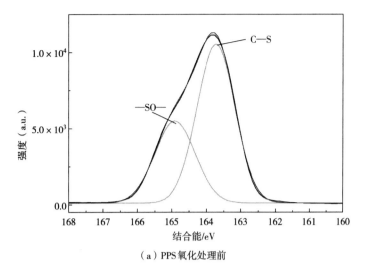

（a）PPS氧化处理前

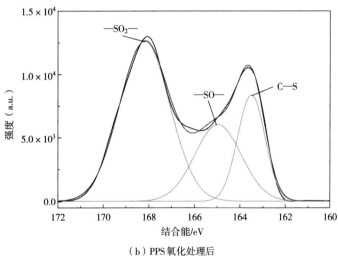

（b）PPS氧化处理后

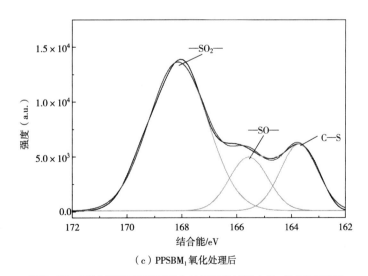

（c）PPSBM₁氧化处理后

图3-22　PPS树脂及PPSBM₁纳米复合材料中S₂ₚ的XPS谱图

表3-9   PPS及纳米复合材料的S_{2p}中各个官能团的含量比

样品	官能团含量/%		
	C—S	—SO—	—SO$_2$—
PPS氧化处理前	67.4	32.6	—
PPS氧化处理后	14.1	29.6	56.3
PPSBM$_1$氧化处理后	18.8	15.6	65.6

由表3-9可以看出，纯PPS树脂中S元素主要是以C—S键的形式存在，其含量可达67.4%，但纯PPS树脂在合成、储存及熔融挤出过程中会发生部分氧化，因此，纯PPS树脂中也有部分硫元素以亚砜基的形式存在，含量为32.6%。本章测试样品中的PPS树脂经历了一次熔融挤出和一次熔融热压成膜，且都在空气氛围下，因此，其受氧化的程度较高，所以，生产加工过程中尽量减少熔融环节可降低PPS氧化程度，但是未发现砜基—SO$_2$—中S元素的存在，这与前面ATR-FTIR分析有偏差，这可能与测试方法和样品制备有关。综上可知，纯PPS树脂发生部分氧化，PPS大分子链中含有部分亚砜基。从图3-22（b）可以看出，经过氧化处理后，PPS树脂中S_{2p}可在163.4eV、164.9eV和168.2eV处分为三个峰[160]，对应的分别是C—S键、亚砜基—SO和砜基—SO$_2$—中的S元素。168.2eV处出现新的官能团——砜基，砜基中S是受到两个O原子的强烈吸引，其电子云密度小于C—S键和亚砜基中S的电子云密度，所以，砜基中S的电子结合能大于前两者，其峰值向高电子能端移动。从表3-9可以看出，经氧化处理后C—S键受到强烈的氧化破坏，含量减小至14.1%，而亚砜基和砜基含量分别增至29.6%和56.2%，表明PPS氧化程度强烈。

从图3-22（c）和表3-9中可以看出，PPSBM$_1$纳米复合材料经过氧化处理后，S_{2p}与纯PPS一样也是可分为C—S键、亚砜基和砜基三个峰，含量分别为18.8%、15.6%和65.6%，但C—S键的含量高于纯PPS，表明Bz-MMT的添加在一定程度上可阻碍延缓C—S键氧化断裂的程度。值得注意的是，纯PPS树脂经过氧化处理后，以亚砜基存在的S元素含量较高，其与砜基的含量比接近1：1.9，而PPSBM$_1$经过氧化处理后亚砜基与砜基的含量比则接近1：4.2，砜基的含量占有较大优势。这也与前面ATR-FTIR的分析相一致，表明Bz-MMT的添加可以促进亚砜基向砜基的转变，砜基结构稳定且S元素已经达到最高价态难以氧化，形成类似聚芳硫醚砜（PASS）的结构，Bz-MMT的纳米片层也阻碍了氧化性物质的扩散，因此阻止了PPS发生进一步的氧化分解。

综上，添加Bz-MMT可促进PPS分子链中亚砜基转变为砜基，形成类PASS结构，S元素达到最高价态，性质稳定难以被氧化，氧化形成的类PASS在PPS基体表面形成保护层，加之Bz-MMT片层的阻隔屏蔽作用，限制阻碍氧化性物质及氧化分解产物的分散与传播，阻止PPS基体内部分子链的进一步氧化分解，从而提高其耐氧化性，这也与前面力学性能测试相佐证。

本章小结

本章利用熔融插层法制备PPS/OMMT纳米复合材料，并对其结构形态、力学性能、流变性能、热稳定性、结晶性能及耐氧化性能进行研究，得到以下结论：

（1）PPS/OMMT复合材料的结构形态表征结构表明，CTAB-MMT因自身热稳定性较差，在与PPS在熔融共混过程中发生降解，PPS分子链无法插层进入蒙脱土片层间，因而形成相分离结构；SBDS-MMT在熔融加工过程中易吸附在螺杆和加工腔体表面，难以与PPS进行熔融插层复合；Bz-MMT具有良好的热稳定，当含量≤1%时，PPSBM$_x$纳米复合材料形成剥离结构，当含量≥3%时，PPSBM$_x$纳米复合材料形成插层结构与剥离结构共存的混合结构。

（2）PPSBM$_x$纳米复合材料的力学性能测试表明，Bz-MMT纳米片层对PPS基体起到力学增强的作用，随着Bz-MMT含量的增加，PPSBM$_x$纳米复合材料的拉伸强度和拉伸模量呈现先增大后减小的关系，当Bz-MMT含量为0.5%时，拉伸强度从76.5MPa增大到123.8MPa，提高了61.8%，拉伸模量从1775.8MPa增加到2607.3MPa，提高了46.8%，同时Bz-MMT纳米片层也在一定程度上起到增塑剂的作用，使韧性得到小幅度的提高；PPSBM$_x$纳米复合材料的储存模量和损耗模量也随着Bz-MMT含量的增加表现出先增大后降低的趋势。

（3）PPSBM$_x$纳米复合材料的流变性能测试表明，Bz-MMT的添加使PPS的G'，G''和η^*增大，且PPS的G'，G''和η^*与Bz-MMT的含量呈正相关；Bz-MMT纳米片层在PPS基体中可形成互穿网络结构，限制阻碍PPS分子链运动，复合体系黏度增大，随着Bz-MMT含量升高，PPS则只表现出剪切变稀行为。

（4）PPSBM$_x$纳米复合材料的结晶性能测试表明，Bz-MMT的纳米片层起到了异相成核剂的作用，加快了PPS基体的结晶速率并促进了结晶，提高了结晶度，同时Bz-MMT的添加也提高了PPS的结晶完善程度。

（5）PPSBM$_x$纳米复合材料的非等温结晶测试表明，Bz-MMT的添加提高了结晶温度，T_c随Bz-MMT含量的增加表现出先增大后减小的趋势；Bz-MMT纳米片层加速了PPS的结晶速率，$t_{1/2}$随着Bz-MMT含量的增加呈现先减小后增大的变化趋势；Mo方程可以有效表示PPS及PPSBM$_x$纳米复合材料的非等温结晶过程，Bz-MMT纳米片层可影响PPS的成核和晶体生长进而加速非等温结晶过程；Bz-MMT的添加降低了复合体系的E_c，使PPS基体更易结晶。

（6）PPSBM$_x$纳米复合材料的热稳定性测试分析表明，Bz-MMT的添加提高了PPS基体的热稳定性，当Bz-MMT含量为0.5%时，初始分解温度提高了32.3℃，最大分解速率温度提高了24.2℃，耐热指数温度提高了12.5℃，但是过高含量的Bz-MMT会使PPS的热稳定性有所降低。

（7）PPSBM$_x$纳米复合材料的耐氧化性能测试表明，经过氧化处理后，纯PPS树脂拉伸强度的保持率低于PPSBM$_x$纳米复合材料的保持率，PPS树脂拉伸强度从76.5MPa减小至7.4MPa，损失率高达90.3%，PPSBM$_{0.5}$拉伸强度则是由123.8MPa减小到61.1MPa，拉伸强度损失率为50.6%；Bz–MMT的添加可在熔融共混加工和氧化处理过程中降低PPS氧化程度，延缓C—S键氧化断裂，减少亚砜基，砜基及芳香醚官能团的形成；Bz–MMT纳米片层能够限制降低PPS分子链中S元素与O元素的结合，降低O元素的含量，同时还可以促进亚砜基向砜基的转变，在PPS复合体系表面形成稳定的保护层，提高PPS的耐氧化能力。

第四章

石墨烯改性聚苯硫醚的结构与性能研究

石墨烯是一种新型的碳纳米材料，是目前已知最薄的一维纳米材料，只有单原子厚度，其独特的结构和极大的比表面积赋予其优异的性能，在电子电气、分子筛选、生物检测和纳米复合材料等领域具有广阔的应用前景[94-95, 161]。石墨烯与聚合物进行复合可赋予复合材料高力学强度、高导电性和高热稳定性等优异性能[93-95]，并拓宽聚合物的应用范围，但石墨烯因难在聚合物中分散，因此，需首先对石墨烯进行功能化改性，改善其在聚合物基体中的分散性。

第三章中已利用添加 MMT 来改善 PPS 基体的耐氧化性能，研究发现 MMT 纳米片层可以促进 PPS 分子链中硫元素转变为砜基，但这一规律仅在 MMT 纳米片层上得到体现，而在其他层状纳米颗粒上还未得到证实。与 MMT 片层相比，石墨烯片层具有更大的比表面积、更高的模量强度和更强的屏蔽阻隔及吸附效应，因此，本章通过在 PPS 基体中添加石墨烯片层不仅可以补充证明第三章的发现规律，还有可能进一步提高 PPS 基体的耐氧化性能。

现阶段聚合物/石墨烯纳米复合材料的制备方法与聚合物/MMT复合材料一样，也主要有三种[162-164]：溶液共混法、原位聚合法和熔融共混法。前两种方法可使石墨烯在聚合物中得到良好的分散，但需要使用大量的有机溶剂，成本高昂且污染环境，难以进行工业化生产，熔融共混法则工艺简单、无污染且成本低，但在熔融加工温度下，功能化石墨烯易分解，目前，聚合物利用熔融共混制备纳米复合材料的研究还较少。PPS 等难溶于有机溶剂的聚合物利用熔融共混法制备纳米复合材料则是最佳选择，但是，现阶段制备 PPS/石墨烯纳米复合材料的研究报道十分少见，主要是 PPS 的高加工温度使功能化改性石墨烯的官能团易分解，造成石墨烯分散性差而严重影响复合材料的结构与性能。

本章采用第二章制备得到的热稳定性较好的功能化修饰石墨烯与 PPS 进行熔融共混制

备纳米复合材料，探明石墨烯片层在PPS基体中的分散结构，制备分散性较好的PPS/石墨烯纳米复合材料，并对制备的纳米复合材料的力学性能、结晶性能、热稳定性和耐氧化性能进行测试研究，同时对其耐氧化机理进行探讨。

第一节　实验部分

一、实验材料及仪器设备

（一）实验材料

PPS树脂，购自江苏瑞泰科技有限公司，熔体流动指数（MFR）为150g/10min（315℃，5kg）。

功能化改性石墨烯（BGN），第二章中所制备；盐酸（HCl，37%），二氯甲烷（≥98%），石油醚，硫酸（H_2SO_4，95%~98%），硝酸（HNO_3，65%~68%），均购自国药集团上海化学试剂有限公司，级别为分析纯（AR）。

（二）仪器设备

DSM Xplore Compounder15小型双螺杆混炼机购自荷兰DSM Xplore有限公司；DZG-6050D型真空干燥箱购自上海森信实验仪器有限公司；SA-303型台式热压机购自日本三洋株式会社；SDL-100型试样切片机购自日本Dumbell株式会社；AL204型电子天平购自梅特勒—托利多国际贸易（上海）有限公司。

Nicolet iS10型傅里叶变换红外光谱仪购自赛默飞世尔科技（中国）有限公司；MiniFlex300型X射线衍射仪购自日本理学株式会社；TA-Q500型热重分析仪和TA-Q200差示扫描量热仪购自美国TA仪器有限公司；SU1510型扫描电子显微镜购自日本日立株式会社制作所；EZ-SX型拉力试验机和XIS-ULTRA DLD多功能光电子能谱仪购自日本岛津株式会社；DVA-225型动态力学分析仪购自日本IT计测制御株式会社。

二、PPS/石墨烯复合材料的制备

由第三章可知，CTAB有机改性制备得到的CTAB-MMT和PPS熔融插层过程中会迅速分解，PPS分子链难以进入层间，因此，本章只利用热稳定性高的BGN与PPS进行熔融共混制备纳米复合材料。BGN按照不同的质量百分比0.5%，1%，3%，5%分别与PPS树脂在

DSM Xplore Compounder15小型混炼机中进行熔融共混插层复合，为实现石墨烯片层在PPS基体中的良好分散，制备过程中通氮气保护熔融共混30min，螺杆转速为20r/min，混炼机从加料口到挤出口的温度分别分290℃，290℃，295℃和300℃，所制备的纳米复合材料命名为PPSBG$_x$，x为BGN在复合材料中的含量。本章中纯PPS树脂也经过氮气氛围下30min的熔融共混，然后经过热压切割制备力学测试样品；经过测试发现，本章中纯PPS样品与第三章中纯PPS样品的力学性能和红外光谱一致，这与后期热压长时间暴露在空气中有关，故为避免引起混淆误解，本章中纯PPS树脂性能测试数据与第三章一致。

三、结构与性能表征

（一）形态结构分析

本章利用不同的表征方式观察研究BGN在PPS基体中的分散状况。PPSBG$_x$复合材料样条经液氮淬断表面喷金，利用SU1510扫描电镜对淬断横截面进行观察分析。利用MiniFlex300型X射线衍射仪对PPSBG$_x$复合材料进行结构分析，研究BGN片层在PPS基体中的结构状态，其中放射源为CuKα靶（λ=0.154nm），管电压和电流分别为30kV和10mA，扫描范围2θ为3°~90°，扫描速率为3°/min。

（二）力学性能测试分析

采用与第三章制备PPSBM$_x$纳米复合材料力学测试样品一致的方法制备PPSBG$_x$复合材料力学测试样品，利用EZ-SX型拉力试验机在25℃、40%湿度下对样品进行拉伸测试，夹持距离20mm，拉伸速度5mm/min，每组样品至少拉伸测试5次，最后取平均值。

利用DVA-225型动态力学分析仪对PPSBG$_x$复合材料进行动态力学分析，测试样品与力学测试样品一致，以10℃/min的升温速率从室温加热至300℃，夹持距离为20mm，频率为10Hz。

（三）热稳定性测试

采用TA-Q500型热重分析仪在N$_2$氛围下对PPSBG$_x$复合材料进行热稳定性测试，取真空干燥后的样品8~10mg，温度测试范围为30~800℃，升温速率为10℃/min，N$_2$流速为50mL/min。

（四）结晶性能测试

采用TA-Q200差示扫描量热仪对PPSBG$_x$复合材料进行结晶性能及非等温过程分析。称取经真空干燥后的样品6~10mg放入铝坩埚中并密封，在N$_2$氛围下（50mL/min）以10℃/min的升温速率从30℃升温至320℃，并在320℃下保温5min，使样品完全熔融以消除热历史，然后以20℃/min的降温速率降至30℃，第二次升温再以20℃/min的升温速率从30℃升温至320℃，从降温曲线和第二次升温曲线获得结晶和熔融行为的热力学参数。

PPSBG$_x$复合材料的非等温测试过程与结晶性能测试同第一次升温过程一样，只是分别以5℃/min、10℃/min、15℃/min和20℃/min的降温速率冷却至30℃，并分别从降温曲线中获取结晶行为热力学参数。

（五）耐氧化性能测试

PPSBG$_x$复合材料的耐氧化性能也利用多种手段进行测试表征。首先，配制每种酸浓度均为1mol/L的盐酸/硫酸/硝酸的混合酸溶液，然后将力学测试样品放入其中，在90℃下处理48h，取出洗净晾干备用。对氧化处理前后的样品进行力学测试分析，观察对比拉伸强度保持率，测试过程与力学性能测试一致；利用ATR–FTIR对氧化前后的样品进行测试分析，观察官能团种类变化并半定量分析官能团含量变化，测试范围为4000~400cm^{-1}；采用AXIS–ULTRA DLD多功能X射线光电子能谱仪（XPS）对氧化前后样品进行表面元素分析，测定元素含量变化，激发源为AlK$_\alpha$，分析室真空度为2×10^{-6}Pa，宽幅扫描过程中通过能为50eV，扫描步长为0.5eV，窄幅扫描过程中通过能为20eV，扫描步长为0.05eV，发射电压为15kV，发射电流为10mA。

第二节　结果与讨论

一、PPSBG$_x$纳米复合材料形态结构分析

图4-1为PPS及PPSBG$_x$纳米复合材料淬断面的扫描电镜图，纯PPS树脂的淬断面相对较为平滑，存在一些裂缝可能是淬断过程中应力转移所致，PPSBG$_x$纳米复合材料的表面相对较为粗糙，存在明显的凸起和褶皱。当BGN的含量≤1%时，PPSBG$_x$纳米复合材料的淬断表面没有发现明显的BGN团聚颗粒，表明BGN颗粒在PPS基体中能够均匀分散并与PPS基体有较好的界面相容性；随着BGN含量提高，当BGN的含量≥3%时，可以在复合材料淬断表面观察到BGN颗粒开始团聚，含量越高团聚颗粒粒径越大，当BGN的含量为5%时，PPSBG$_5$纳米复合材料的淬断表面出现了块状团聚体，粒径可达到微米级，表明BGN片层在PPS基体中出现了较为严重的团聚现象，影响了分散效果。

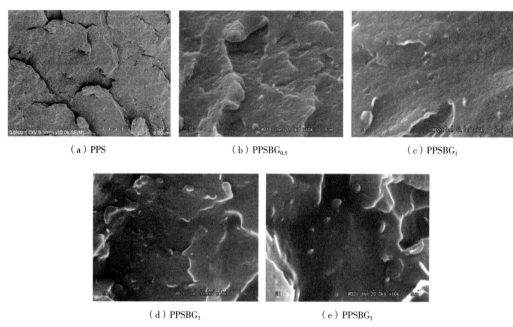

（a）PPS　　　　　　　（b）PPSBG$_{0.5}$　　　　　　　（c）PPSBG$_1$

（d）PPSBG$_3$　　　　　　　（e）PPSBG$_5$

图4-1　PPS及PPSBG$_x$纳米复合材料淬断面的扫描电镜图

　　为进一步研究BGN片层在PPS基体中的分散状况，利用XRD对复合材料的结构进行测试分析，图4-2为PPS及PPSBG$_x$纳米复合材料的XRD图谱。PPS的XRD图谱上18.7°和20.7°处的峰对应是PPS正交晶系的（110）和（200）面的衍射峰，PPSBG$_{0.5}$纳米复合材料的XRD图谱与PPS树脂一致，并没有发现BGN在$2\theta=26.3°$处的衍射峰，表明BGN在PPS基体中均匀分散无团聚，且片层之间剥离；当BGN的含量为1%时，PPSBG$_1$纳米复合材料在$2\theta=26.3°$处出现一个极其微弱的衍射峰，表明少部分BGN在熔融插层过程中片层未发生插层或剥离；当BGN的含量≥3%时，PPSBG$_3$和PPSBG$_5$在$2\theta=26.3°$处的衍射峰十分明显，尤其是当BGN的含量为5%时，表明随着BGN含量的增加，部分BGN在发生热分解前无法及时与PPS发生插层使片层剥离，因此，BGN片层发生团聚[165]。在BGN含量低时，利用剪切力及PPS分子链和BGN片层边缘引入的Bz分子链间的相互缠绕可实现BGN纳米片层的剥离均匀分布。而BGN含量高时，尽管PPS与BGN在混炼机中剪切力作用下共混30min，仍有部分BGN发生团聚，因为在PPS加工温度下BGN会发生降解，且对石墨烯进行功能化修饰而引入的Bz主要在石墨烯片层边缘未进入片层内部，BGN层间距也未扩大，这也增加了PPS分子链进入石墨烯片层内部难度。因此若在BGN中的有机官能团热降解前PPS分子链不能进入层间，降解后的石墨烯片层与PPS的相容性差极易团聚，难以在PPS基体中均匀分散。

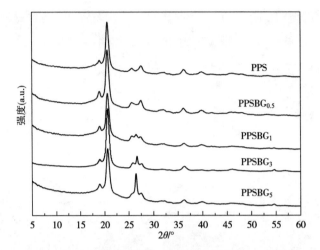

图4-2　PPS及PPSBG$_x$纳米复合材料XRD图谱

二、PPSBG$_x$纳米复合材料力学性能分析

PPSBG$_x$纳米复合材料的拉伸强度和拉伸模量与BGN含量关系如图4-3所示。由图可知，添加BGN可显著改善PPS的拉伸强度和拉伸模量，复合材料的力学性能得到显著提升。随着BGN含量的增加，PPSBG$_x$纳米复合材料拉伸强度和拉伸模量呈现先上升后下降的趋势，当BGN含量为1%时，PPSBG$_1$的拉伸强度为132.4MPa，拉伸模量为3467.5MPa，比纯PPS树脂分别提升了73.1%和95.3%；当BGN含量≥3%时，复合材料的拉伸强度和拉伸模量开始下降，表明力学性能与BGN在PPS基体中分散状况相关。当BGN的含量较低时，BGN在PPS基体中均匀分散，加之自身巨大的比表面积使片层与PPS基体有较大的接触面积且两者之间存在界面相互作用，外界拉伸应力在PPS基体传递过程中会更加均

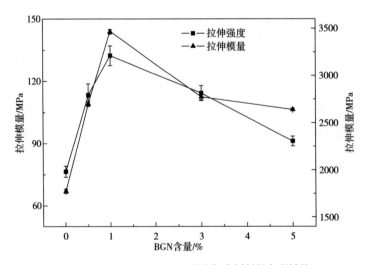

图4-3　PPS及PPSBG$_x$纳米复合材料的力学性能

匀有效地传递到石墨烯片层上[166]，石墨烯片层自身具有超高的强度与模量，因此，复合材料的拉伸强度和拉伸模量得到提高；随着BGN的含量增加，PPS基体中的部分BGN会发生降解产生团聚，团聚的石墨烯片层降低了石墨烯片层的比表面积并破坏结构的完整性，不利于应力传递，同时还会诱发应力集中，因而造成增强效果有限，力学性能开始下降。

图4-4为PPS及PPSBG$_x$纳米复合材料的应力应变曲线。从中可以观察到纯PPS树脂和PPSBG$_x$纳米复合材料均为脆性断裂，添加BGN没有改变PPS的断裂性质，PPS基复合材料的断裂伸长率只有小幅度的提高，当Bz–MMT的含量为0.5%时，断裂伸长率由2.1%提高到3.2%，这是因为剥离的石墨烯片层起到增塑剂的作用，PPS分子链段及整个大分子的运动能力得到提高，因而复合材料的韧性得到提高。随着BGN含量不断增加，石墨烯片层会形成一个连续的网络结构而限制了PPS分子链的运动，因而韧性开始变差，当BGN的含量更高时，部分BGN降解团聚会破坏复合材料的结构完整性，加上网络结构的限制作用，使PPS基复合材料的韧性低于纯PPS树脂。

图4-5为PPS树脂及PPSBG$_x$纳米复合材料的储能模量曲线图，储能模量可以反映出PPSBG$_x$纳米复合材料的刚度，从图4-5可以发现PPSBG$_x$纳米复合材料的储能模量在整个测试温度范围内都高于纯PPS，尤其是在玻璃化转变温度之前，且所有样品的储能模量随着温度的升高而降低，这是因为温度升高，PPS分子链的流动性随之升高。同时，PPSBG$_x$纳米复合材料的储能模量随着BGN含量的增加而增大，40℃时PPS树脂的储能模量约为4573.1MPa，PPSBG$_5$纳米复合材料的储能模量为9212.9MPa，比纯PPS提高了101.4%，表明BGN可有效提高PPS的储能模量，这可以归为BGN具有优异的力学性能、高的比表面积和促进结晶等综合作用的影响。

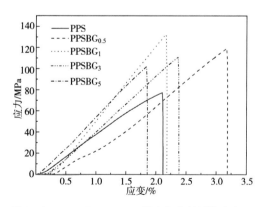

图4-4 PPS及PPSBG$_x$纳米复合材料的应力一
应变曲线

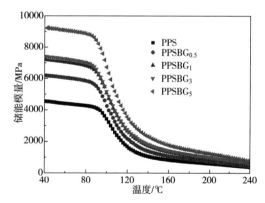

图4-5 PPS及PPSBG$_x$纳米复合材料储能模量曲
线图

三、PPSBG$_x$纳米复合材料结晶性能分析

（一）DSC曲线分析

图4-6为PPS树脂及PPSBG$_x$纳米复合材料的DSC曲线，其结晶性能参数在表4-1中列出。结晶度（X_c）根据以下公式计算：

$$X_c = \frac{\Delta H_m}{\Delta H_f(1 - W_f)} \times 100\% \qquad (4-1)$$

式中：X_c为结晶度；ΔH_m为PPS的熔融热焓（J/g）；ΔH_f为理想状态下100%结晶PPS的熔融热焓，为77.5J/g；W_f为BGN在纳米复合材料中的质量分数。

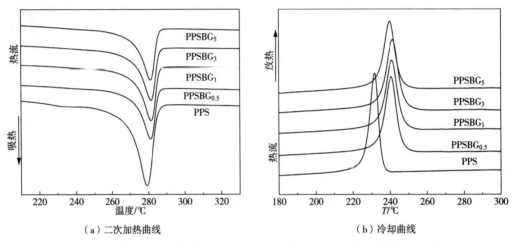

（a）二次加热曲线　　　　（b）冷却曲线

图4-6　PPS树脂及PPSBG$_x$纳米复合材料的DSC曲线图

从图4-6（a）和表4-1中可以观察到，添加BGN可以提高PPS树脂的初始熔融温度（T_{mo}）、熔融峰温度（T_m）和熔融热焓（ΔH_m），表明BGN的添加可以改善PPS的结晶完整度，减少不完整结晶的部分。从图4-6（b）及表4-1可以看出，添加BGN使PPS的初始结晶温度（T_{co}）和结晶温度（T_c）显著提高，T_{co}和T_c随着BGN含量的增加呈现先增大后减小的趋势，当BGN的含量为3%时，PPSBG$_3$纳米复合材料的T_{co}和T_c分别比纯PPS树脂提高了9℃和10℃。一般来说，石墨烯片层对PPS结晶行为的影响也可以分为两方面：一方面是石墨烯片层对PPS结晶起到异相成核剂作用，加快结晶速率促进结晶；另一方面是石墨烯片层限制阻碍PPS分子链段运动和排列从而阻碍结晶[100, 104]。

从表4-1可以观察到PPSBG$_x$纳米复合材料结晶所需的过冷度ΔT小于纯PPS树脂，同时，PPSBG$_x$纳米复合材料的结晶度也高于纯PPS树脂，表明添加BGN可以加快PPS的结晶速率并促进结晶，ΔT随着BGN含量的增加呈现先减小后增大的趋势，X_c则呈现先增大后减小的趋势。因此，当BGN的含量≤3%时，PPSBG$_x$纳米复合材料比纯PPS树脂具有更快的结晶速率和更高的结晶度，表明PPS树脂与BGN共混时，第一方面起主导作用，BGN的

异相成核结晶促进了PPS结晶；当BGN的含量为5%时，PPSBG₅纳米复合材料的结晶速率和结晶度开始下降，却都高于纯PPS树脂，表明第二方面开始起作用，但并不占主导地位。

表4-1　PPS树脂及PPSBG$_x$纳米复合材料的DSC结晶参数

样品	T_{co}/℃	T_c/℃	ΔH_c/(J·g^{-1})	T_{mo}/℃	T_m/℃	ΔH_m/(J·g^{-1})	X_c/%	ΔT/℃
PPS	238.4	231.6	39.6	269.2	279.0	37.0	47.7	47.4
PPSBG$_{0.5}$	245.9	240.4	40.5	271.9	281.0	39.2	50.8	40.6
PPSBG$_1$	246.2	240.9	41.6	272.4	281.4	40.7	53.0	40.5
PPSBG$_3$	247.3	241.5	38.4	271.6	281.3	41.3	54.9	39.8
PPSBG$_5$	245.1	239.7	35.9	271.9	281.1	39.6	53.7	41.4

（二）非等温结晶分析

PPS树脂及PPSBG$_x$纳米复合材料在不同冷却速率下的非等温结晶放热曲线如图4-7所示。PPS及PPSBG$_x$纳米复合材料的冷结晶初始温度（T_{co}）、结晶温度（T_c）和半结晶时间（$t_{1/2}$）在表4-2中列出。

从DSC图谱和表4-2可以观察到，随着冷却速度的提高，PPS树脂的结晶过程朝低温方向移动并且结晶峰变宽。PPSBG$_x$纳米复合材料的结晶行为与前章中PPSBM$_x$纳米复合材料一样也出现了相似的变化趋势，表明冷却速率越低，PPS在越高的温度开始结晶，在较低的冷却速率下，PPS分子链能够有充分的时间来克服成核能量势垒，PPS分子链的排列也更为有序，因此，PPS分子链能在较高的温度下开始结晶。然而，冷却速率提高后，PPS分子链不能以相同的速率失去自身动能，难以形成稳定有效的结晶晶核，且分子链段活动受到限制，晶核核心需要更多的过冷度来变得活跃，因此，结晶速率变慢，晶体结构完善度差，导致PPS分子链需在较低的温度下开始结晶。

从表4-2中还可以看出，在给定的冷却速率下，PPS树脂与PPSBG$_x$纳米复合材料的T_c对比表明添加BGN可以显著提高PPS的结晶温度，这也与添加Bz-MMT的原因一致。同时，PPSBG$_x$纳米复合材料的T_c与PPSBM$_x$纳米复合材料一样，其并不是随着BGN的含量增加而单调增大，其呈现先提高后下降的趋势，这表明PPSBG$_x$纳米复合材料的T_c对BGN的含量存在明显的依赖关系，这一现象出现在第三章PPSBM$_x$纳米复合材料的非等温结晶分析中，这与BGN纳米片层的吸附饱和值、分散状况及片层对PPS分子链运动的限制等作用相关。PPSBG$_1$纳米复合材料在5℃/min的冷却速率下结晶温度提高了10.4℃。也可以观察到PPSBG$_x$纳米复合材料在不同冷却速率下的T_c都显著高于纯PPS树脂，表明BGN纳米片层起到了有效成核剂的作用，为PPS结晶提供了更多的成核点，促进了PPS的结晶过程，因而结晶峰温度T_c得以提高。

表4-2　PPS及PPSBG$_x$纳米复合材料的冷结晶初始温度（T_{co}）、结晶温度（T_c）和半结晶时间（$t_{1/2}$）

样品	冷却速率 / (℃·min^{-1})	T_{co}/℃	T_c/℃	$t_{1/2}$/min
PPS	5	248.3	242.7	2.49
	10	244.6	237.5	1.53
	15	241.7	234.3	1.01
	20	238.4	231.6	0.77
PPSBG$_1$	5	257.9	253.1	2.07
	10	253.5	248.3	1.22
	15	250.7	245.2	0.87
	20	246.2	240.9	0.72
PPSBG$_3$	5	258.5	253.5	1.87
	10	253.6	248.1	1.25
	15	251.2	245.4	0.87
	20	247.3	241.5	0.69
PPSBG$_5$	5	257.8	253.1	2.02
	10	253.4	248.5	1.26
	15	250.5	245.1	0.90
	20	244.5	239.7	0.74

（三）非等温结晶动力学分析

　　与Bz-MMT的纳米片层会影响PPS的结晶一样，BGN也同样会影响PPS的结晶行为，因此，十分有必要对PPSBG$_x$纳米复合材料的非等温结晶动力学进行研究分析。对DSC结晶放热曲线积分，根据式（4-2）可得到相对结晶度（X_T）和温度（T）的函数关系[141-143]：

$$X_T = \frac{\int_{T_0}^{T} (dH_c/dT)\, dT}{\int_{T_0}^{T_\infty} (dH_c/dT)\, dT} \qquad (4-2)$$

　　式中：dH_c表示在无限小温度区间dT内的冷结晶释放的热焓（J/g）；T_0、T和T_∞分别表示结晶开始、任意和终止时温度（℃）。

　　由式（4-2）得到的X_T对T变化的曲线如图4-8所示。

　　在非等温结晶过程中，可根据式（4-3）计算结晶时间（t）与温度之间（T）的关系[141-143]：

$$t = \frac{T - T_0}{v} \qquad (4\text{-}3)$$

式中：T_0 是 t=0 时的结晶开始温度（℃）；T 为 t 时刻的温度（℃）；v 是冷却速率（℃/min）。

根据式（4-2）和式（4-3），可以将相对结晶度（X_T）对温度（T）的关系转换为相对结晶度（X_T）对时间（t）的关系，其关系如式（4-4）所示[141-143]：

$$X_T = \frac{\int_{t_0}^{t} (\mathrm{d}H_c/\mathrm{d}t)\,\mathrm{d}t}{\int_{t_0}^{t_\infty} (\mathrm{d}H_c/\mathrm{d}t)\,\mathrm{d}t} \qquad (4\text{-}4)$$

式中：t_0 和 t_∞ 分别表示冷却结晶过程开始和结束时间。

相对结晶度（X_T）对时间（t）的关系图如图4-9所示。

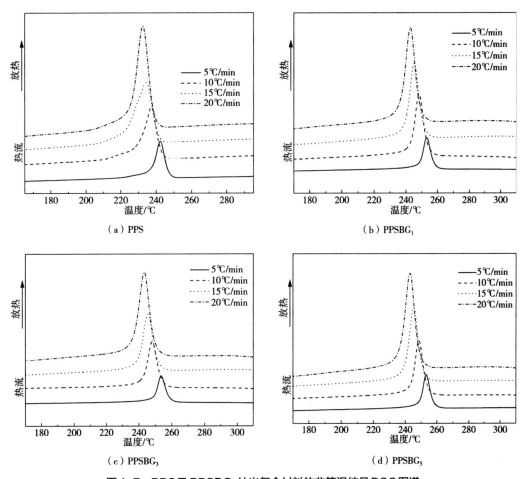

图4-7　PPS及PPSBG$_x$纳米复合材料的非等温结晶DSC图谱

由图4-8可以明显观察到，随着冷却速率的提高，PPSBG$_x$纳米复合材料要在更低的温度下才能获得相同的相对结晶度。由图4-9可以观察到PPSBG$_x$纳米复合材料所有样品的 X_T 对 t 的曲线都呈S形，这与PPSBM$_x$纳米复合材料一致，表明PPSBG$_x$纳米复合材料的结晶过程也是先从成核诱导期开始，紧接着是晶体的加速生长期，最后是由于球晶生长平衡而放缓期。同时，随着冷却速率的加快，样品在更短的结晶时间内就可以达到相同的相对结晶度，这是由于冷却速率加快，PPS分子链在很短的时间内就无法运动重排结晶，结晶时间较短。从图4-9中可以观察得到PPS及PPSBG$_x$纳米复合材料的半结晶时间$t_{1/2}$，并将其列在表4-2中，半结晶时间$t_{1/2}$与冷却速率v的关系如图4-10所示。显而易见，$t_{1/2}$与BGN含量及冷却速率存在依赖关系，在给定冷却速率下，PPSBG$_x$纳米复合材料的$t_{1/2}$都低于纯PPS，这表明添加BGN可以加快PPS的结晶速率。与PPSBM$_x$纳米复合材料一样，PPSBG$_x$纳米复合材料的$t_{1/2}$随着BGN含量的增加基本也呈现出先减小后增大的变化趋势，表明适量地添加BGN可有效加速结晶速率。当BGN的含量为3%时，$t_{1/2}$的值最小，Bz-MMT的纳米片层起到了异相成核剂的作用而促进了结晶。当BGN的含量超过3%时，$t_{1/2}$开始变大，表明过量的纳米片层会妨碍限制PPS分子链的运动，从而妨碍了结晶过程。

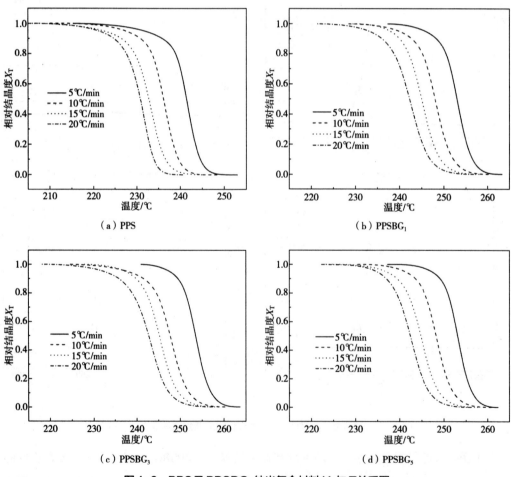

图4-8　PPS及PPSBG$_x$纳米复合材料X_{T}与T关系图

PPSBG$_x$纳米复合材料也利用Ozawa方程[144−145]来表征PPS的非等温结晶过程，其结晶度根据式（4-5）计算：

$$\lg[-\ln(1X_t)] = \lg K(T) - m\lg v \qquad (4-5)$$

式中：K（T）是与温度有关的动力参数；m为Ozawa指数，其与成核和晶体生长机制有关。

如果样品的非等温结晶动力学符合Ozawa方程，利用$\lg[-\ln（1-X_t）]$对$\lg v$作图可拟合得到直线，其中直线的斜率为m，截距为K（T）。PPS及PPSBG$_x$纳米复合材料的$\lg[-\ln（1-X_t）]$对$\lg v$的图线如图4-11所示。由图可知，利用Ozawa方程作图，$\lg[-\ln（1-X_t）]$对$\lg v$并不能拟合得到较好的线性关系，因此，Ozawa方程也并不适合用来表征PPSBG$_x$纳米复合材料的非等温结晶动力学，这也与PPSBM$_x$纳米复合材料相一致。

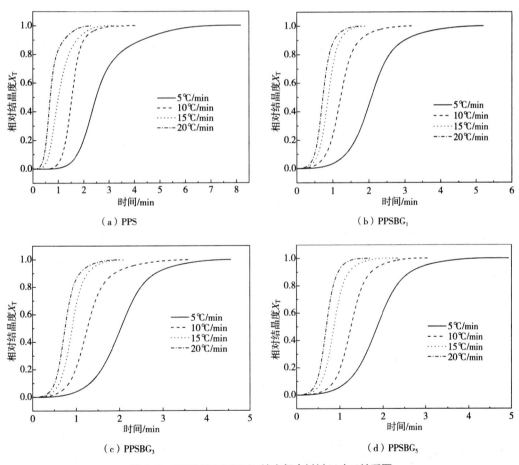

图4-9　PPS及PPSBG$_x$纳米复合材料X_T与t关系图

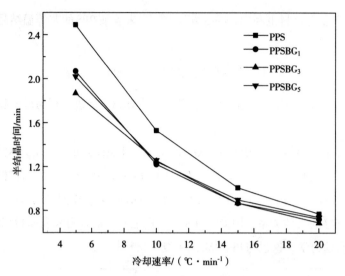

图4-10　PPS及PPSBG$_x$纳米复合材料的半结晶时间$t_{1/2}$与冷却速率v关系图

Mo方程[148-149]则是综合了Avrami方程和Ozawa方程提出的一种新模型，其能更有效地研究分析聚合物的非等温结晶动力学，其方程式如式（4-6）所示：

$$\lg v = \lg F(T) - \alpha \lg t \tag{4-6}$$

式中：$F(T)$是单位结晶时间内聚合物体系达到一定结晶度所需要的冷却速率（℃·min^{-1}）；α为Avrami指数n与Ozawa指数m的比值。$F(T)$具有明确的物理和实际意义，其值越小，结晶速率越快。

表4-3　Mo方程中PPS及PPSBG$_x$纳米复合材料在不同相对结晶度的非等温动力学参数

X_c/%	PPS		PPSBG$_1$		PPSBG$_3$		PPSBG$_5$	
	α	$F(T)$	α	$F(T)$	α	$F(T)$	α	$F(T)$
20	1.16	10.7	1.33	9.5	1.38	9.6	1.40	8.9
40	1.18	13.2	1.31	11.9	1.39	12.2	1.37	11.4
50	1.19	16.2	1.31	13.9	1.36	14.4	1.36	13.5
60	1.17	20.0	1.30	16.9	1.37	17.7	1.37	16.4

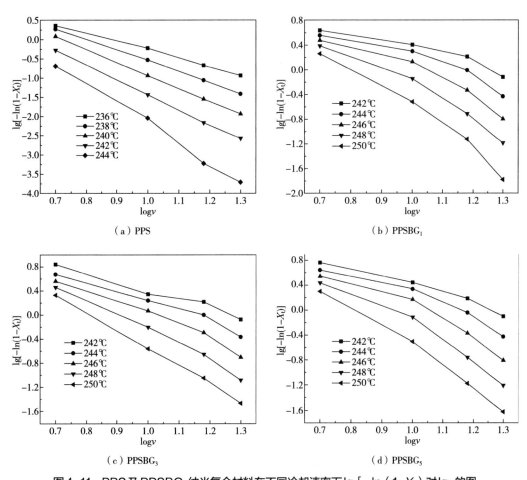

图4-11　PPS及PPSBG$_x$纳米复合材料在不同冷却速率下lg［-ln（1-X_t）］对lg$v$的图

　　PPS及PPSBG$_x$纳米复合材料在给定不同的结晶度（X_c）下lg$v$对lg$t$作图可得图4-12。由图可知，lg$v$对lg$t$所作图线显示了良好的线性关系，表明Mo方程可以有效正确地表示PPS及PPSBG$_x$纳米复合材料的非等温结晶动力学，这也与PPSBM$_x$纳米复合材料的分析一

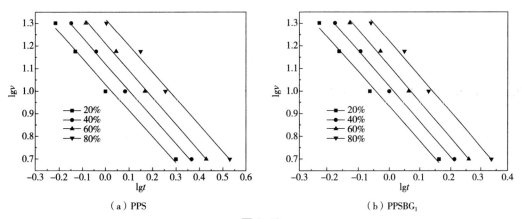

图4-12

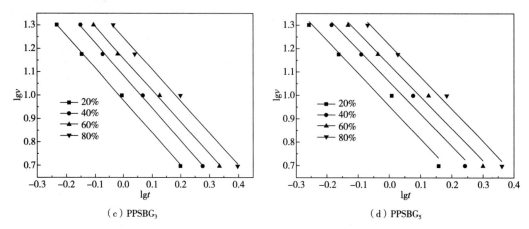

图4-12　PPS及PPSBM$_x$纳米复合材料在不同相对结晶度下lg$v$对lg$t$的图

样。图4-13中拟合直线的斜率为α，根据截距可计算得到F（T），分别在表4-3中列出。由表可知，所有样品的F（T）值都随着相对结晶度的增加而增大，同时在给定的相对结晶度下，PPSBG$_x$纳米复合材料的F（T）值都低于纯PPS树脂，这表明添加BGN也通过影响PPS成核和晶体生长加速了非等温结晶过程。与PPSBM$_x$复合材料一样，可以观察到PPSBG$_x$复合材料α值的变化程度不明显，PPS树脂在1.17~1.19，PPSBG$_x$纳米复合材料在不同BGN含量下的变化幅度不超过0.04。

（四）结晶活化能分析

结晶活化能（E_c）也会对聚合物结晶速率产生一定的影响，基于结晶温度（T_c）和冷却速率α，Kissigner等人提出E_c可根据式（4-7）计算[141, 143, 149]：

$$\frac{d[\ln(v/T_c^2)]}{d(1/T_c)} = -\frac{E_c}{R} \qquad （4-7）$$

式中：T_c、R和v分别为结晶峰温度（℃）、常用气体常数和冷却速率（℃·min）。

图4-13是PPS及PPSBG$_x$纳米复合材料ln（v/T_c^2）对1/T_c关系图。由图可知，ln（v/T_c^2）对1/T_c呈现良好的线性关系，根据直线的斜率计算样品的结晶活化能，其数值列在表4-4中。结晶活化能是聚合物分子链折叠进入晶格所需的能量，E_c越小，聚合物越容易结晶。从图4-13及表4-4中可以观察到PPSBG$_x$纳米复合材料的E_c先小于纯PPS，然后增大，高于纯PPS，这与PPSBM$_x$纳米复合材料不一致，同时可以看到E_c与BGN的含量存在依赖关系。当BGN的含量为1%时，其E_c值最小。一般来说，聚合物的结晶受两个因素影响：一个是动态因素，其与结晶单元的运动排列有关；另一个是静态因素，其与成核自由能量势垒有关[141]。在较低含量时，BGN的纳米片层作为异相成核剂的作用，降低了成核自由能量势垒，加速PPS的结晶过程促进结晶；而当BGN的含量过高时，其会降低PPS在复合体系中的浓度，同

时形成的网络结构会很大程度阻碍延缓PPS分子链移动从而抑制结晶，因此，PPSBG$_x$复合材料需要更高的结晶活化能，但这与前面的分析并不冲突。

表4-4　PPS及PPSBG$_x$纳米复合材料的结晶活化能

样品	PPS	PPSBG$_1$	PPSBG$_3$	PPSBG$_5$
E_c / (kJ·mol^{-1})	282.3	277.1	283.6	294.1

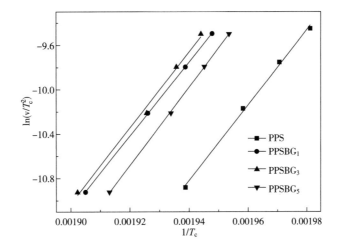

图4-13　PPS及PPSBG$_x$纳米复合材料ln（v/T_c^2）对1/T_c关系图

四、PPSBG$_x$纳米复合材料热稳定性分析

图4-14为PPS树脂及PPSBG$_x$纳米复合材料的TG和DTG曲线图，由图可得到PPSBG$_x$纳米复合材料的热分解参数在表4-5中列出。

从图4-14可以看出，PPSBG$_x$纳米复合材料的热分解过程也是一步分解过程，DTG曲线上只出现了一个大峰，且添加BGN可显著提高PPS的热稳定性。从表4-5可以观察到添加BGN可以显著提高PPS的初始分解温度（$T_{5\%}$），当BGN的含量为0.5%时，$T_{5\%}$提高了33.1℃，但是随着BGN含量的增加，纳米复合材料的$T_{5\%}$呈现下降的趋势。这是因为高含量的BGN中含有较多的功能化修饰剂，其热分解温度较低，因而诱发PPS在较低温度下降解，但是PPSBG$_x$纳米复合材料的$T_{5\%}$都高于纯PPS。与纯PPS树脂相比，PPSBG$_x$纳米复合材料的$T_{15\%}$和$T_{50\%}$也分别提高了16~23℃和17~39℃。除此之外，PPSBG$_x$纳米复合材料的最大分解速率温度（T_{max}）也显著高于纯PPS，并也随着BGN含量的增加而减小，当BGN的含量为0.5%时，T_{max}提高了19.2℃。因此，添加BGN可有效改善PPS的热稳定性：一方面是石墨烯片层起到屏蔽阻隔的作用，限制阻隔热分解过程中气体分解产物的扩散和逸出，从而减缓分解；另一方面，则是石墨烯片层具有良好的热传导性，促进热量在PPS基体中的传播，因而需要更高的外界温度和更长的时间使PPS开始分解。因此，PPSBG$_x$纳米复合材料的热稳定性改善是多个复杂因素综合作用导致的[95]。

表4-5　PPS树脂及PPSBG$_x$纳米复合材料的TGA热分解参数

样品	$T_{5\%}$/℃	$T_{15\%}$/℃	$T_{30\%}$/℃	$T_{50\%}$/℃	T_{HRI}/℃	T_{max}/℃
PPS	452.2	484.7	507.0	533.9	237.7	512.3
PPSBG$_{0.5}$	485.3	507.4	528.4	572.9	250.5	531.5
PPSBG$_1$	480.1	503.5	526.4	565.2	248.9	530.2
PPSBG$_3$	478.5	500.6	520.5	551.2	246.8	521.1
PPSBG$_5$	479.6	504.5	523.2	552.7	247.8	523.3

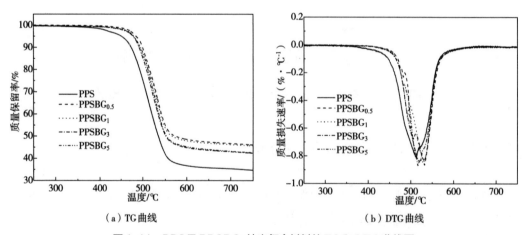

（a）TG曲线　　　　（b）DTG曲线

图4-14　PPS及PPSBG$_x$纳米复合材料的TG和DTG曲线图

　　除此之外，纯PPS树脂的温度差（$T_{max}-T_{5\%}$）大约为60℃，而PPSBG$_x$纳米复合材料的温度差为40~50℃，表明一旦开始分解后，PPSBG$_x$纳米复合材料的热分解速率高于纯PPS树脂，这也可归为石墨烯片层的高热传导率引起的。从图4-14（a）可以发现PPSBG$_x$纳米复合材料的热分解残余量都高于纯PPS树脂，除了石墨烯因其优异的热稳定性在测试温度范围内不分解外，主要是因为石墨烯片层与PPS分解产物发生化学反应，同时促进PPS在分解过程形成致密保护的碳层，阻止PPS进一步热分解[153-155]。

　　本章也采用统计法[156-157]计算PPSBG$_x$纳米复合材料的耐热指数温度（T_{HRI}），表征PPS树脂及PPSBG$_x$纳米复合材料长时间工作的极限温度，T_{HRI}可根据式（4-8）计算：

$$T_{\text{HRI}} = 0.49 \times [T_{5\%} + 0.6 \times (T_{30\%} - T_{5\%})] \tag{4-8}$$

式中：$T_{5\%}$、$T_{30\%}$分别为PPS基复合材料热分解质量分数为5%和30%时的温度。从表4-5可以发现PPSBG$_x$纳米复合材料的T_{HRI}随着BGN含量的增加呈现先增大后减小的趋势，这一现象也表明PPSBG$_x$纳米复合材料的耐热性也是随着BGN的增加先提升后下降，当BGN的含量为0.5%时，PPSBG$_{0.5}$的T_{HRI}比纯PPS树脂提高了12.8℃，耐热性得到了显著提升。这可以归功为BGN片层比纯PPS树脂的比热容和热传导率高，其可以更容易吸收外界热量，同时，其在PPS基体中的良好分散也可以加强耐热性。但是当BGN含量增高时会发生团聚，这会减小BGN片层的相对比热容和破坏复合材料的整体结构，因此，PPSBG$_x$复合材料的耐热性会降低。

五、PPSBG$_x$纳米复合材料耐氧化性能分析

本章PPSBG$_x$纳米复合材料耐氧化性能的表征与第三章一致，采用多种表征手段对复合材料的耐氧化性能进行测试分析，并根据测试分析提出耐氧化机理。

（一）拉伸强度分析

纯PPS树脂及PPSBG$_x$纳米复合材料的力学测试样品经氧化处理后的力学性能如图4-15所示，由图可知，经过氧化处理后，纯PPS树脂的拉伸强度从76.5MPa降低至7.4MPa，拉伸强度保持率仅为9.7%，表明样品受到强烈氧化，PPS分子链大量断裂，材料拉伸强度大幅下降。PPSBG$_{0.5}$纳米复合材料的拉伸强度则是由113.4MPa减小到49.2MPa，拉伸强度保持率为43.4%，PPSBG$_1$纳米复合材料的拉伸强度则是由132.4MPa减小到61.1MPa，拉伸强度保持率为46.1%，PPSBG$_3$纳米复合材料的拉伸强度从114.3MPa降为49.6MPa，强度损失率为43.4%。由此可见，PPSBG$_x$纳米复合材料的拉伸强度保持率显著高于纯PPS树脂，同时，经氧化处理后的PPSBG$_x$纳米复合材料的拉伸强度也显著高于纯PPS树脂。可以从两方面对这一现象进行解释，一方面，石墨烯片层起到异相成核剂的作用，促进PPS结晶以提高结晶度，并减少结晶不完整度，因而PPS分子链在晶区中排列紧密有序，氧化性物质难以进入晶体内部氧化使PPS分子链断裂；另一方面，石墨烯片层自身的屏蔽阻隔作用，延缓O$_2$、NO$_x$和SO$_x$等氧化性物质在PPS基体中的扩散并减少与PPS接触，可阻碍迟滞氧化降解产物在PPS基体中的扩散与析出，从而延缓PPS分子链的氧化降解，因而PPSBG$_x$纳米复合材料的拉伸强度保持率高于纯PPS树脂，所以添加BGN可改善PPS树脂的耐氧化性能。

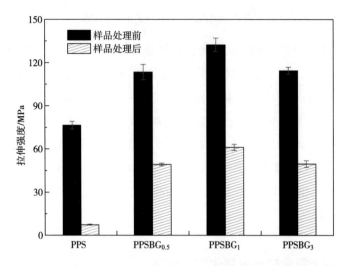

图4-15　氧化处理前后PPS及PPSBG$_x$纳米复合材料的拉伸强度变化

（二）化学官能团分析

利用全反射红外光谱分析（ATR-FTIR）技术对氧化处理前后的PPSBG$_x$纳米复合材料样品进行测试，分析处理前后样品中官能团的种类及含量的变化来表征耐氧化能力，并对耐氧化机理进行探讨分析。PPS及PPSBG$_x$纳米复合材料氧化处理前后的红外光谱图如图4-16所示，各官能团的相对吸光度在表4-6中列出。第三章的测试分析已表明，PPS树脂在经过熔融共混时会发生一定的氧化交联，并且纯PPS树脂经过氧化处理后氧化程度严重，分子链发生较大程度的断裂与交联。

表4-6　PPS树脂及PPSBG$_x$纳米复合材料氧化处理前后红外光谱特征吸收峰相对吸光度

波数／cm^{-1}	相对吸光度			
	PPS氧化处理前	PPS氧化处理后	PPSBG$_1$氧化处理前	PPSBG$_1$氧化处理后
1572	1.00	1.00	1.00	1.00
1178	0.31	1.97	0.26	1.78
1091	3.62	2.52	5.12	3.41
1075	1.32	0.79	1.28	1.04
1044	—	2.46	—	2.33
807	9.92	9.27	13.47	11.27

从图4-16及表4-6中可以看出，在氧化处理前PPSBG$_x$纳米复合材料与PPSBM$_x$复合材料相同官能团的相对吸光度也存在较大差异，尤其是PPS大分子主键C—S键和苯环对位吸收峰的相对吸光度。PPSBG$_x$纳米复合材料在小型混炼机中氮气保护下共混了30min，而第三章中PPSBM$_x$复合材料仅在未通氮气下共混10min，可见尽管在长时间剪切力作用下，PPS大分子会断裂，但PPSBG$_1$复合材料的C—S键的相对吸光度仍高于PPSBM$_1$复合材料，表明在加工过程中利用惰性气体保护可一定程度延缓PPS的氧化，但是成本较高，不适用于工业化生产。

氧化处理后，PPSBG$_1$纳米复合材料的各个官能团相对吸光度的变化趋势与纯PPS树脂也基本一致。从图4-16（b）及表4-6可以看出，PPSBG$_1$纳米复合材料苯环上C—S键的减小程度尽管高于纯PPS树脂，但C—S键的相对吸光度却明显高于纯PPS，同时，砜基的增加程度也低于纯PPS树脂，亚砜基的减少程度低于纯PPS，砜基、亚砜基及芳香醚的相对吸光度也都低于纯PPS，表明BGN的添加一定程度延缓了PPS的氧化交联。石墨烯片层与MMT片层一样，一方面起到阻隔屏蔽作用，阻碍限制O$_2$及强酸在PPS基体中的扩散，增加了传播路径，减少与PPS分子链的接触概率，同时，也可以限制PPS氧化性产物的扩散而引起的氧化连锁反应，进而延缓了PPS的氧化交联，提高耐氧化性；另一方面，蒙脱土纳米片层也促进PPS结晶，使结晶更为完善，PPS分子链的排列更为紧密有序，O$_2$及强酸小分子难以进入PPS晶体内部，因而PPS的耐氧化性能得以改善。

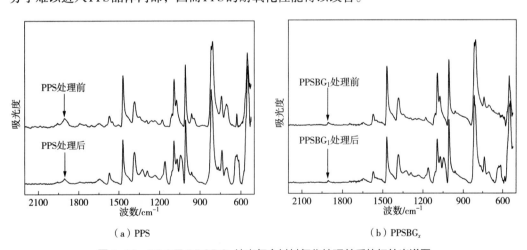

图4-16　PPS及PPSBG$_x$纳米复合材料氧化处理前后的红外光谱图

（三）表面元素分析

PPS树脂及PPSBG$_1$纳米复合材料的XPS谱图如图4-17所示，并对其进行了归一化处理。由图可知，经氧化处理后PPS及PPSBG$_1$纳米复合材料中O元素的含量都有提高，但是纯PPS的提高幅度更大。未处理前，纯PPS树脂的O元素对C元素的相对含量为0.24，氧化处理后，纯PPS树脂增大到0.54，而PPSBG$_1$纳米复合材料也仅为0.42，与PPSBM$_1$纳米复合材料基本一致，表明在氧化处理过程中纯PPS树脂S元素及C元素会与外界大量O元素结合发生氧化交联，而PPSBG$_1$纳米复合材料中O元素的相对含量增幅较少，表明添加BGN可在一定程度上减小PPS大分子与外界O元素的结合程度，提高PPS树脂的耐氧化能力。

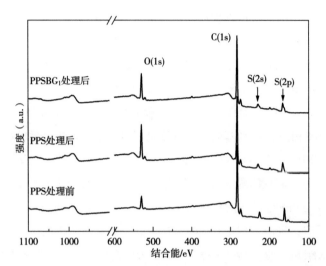

图4-17 PPS和PPSBG$_1$纳米复合材料氧化处理前后的XPS图谱

对S元素进行窄幅扫描，研究各个官能团含量变化。纯PPS树脂及氧化处理后PPS和PPSBG$_1$纳米复合材料的S$_{2p}$的XPS图谱如图4-18所示，S元素各个官能团的含量列在表4-7中。氧化处理前后的纯PPS树脂S$_{2p}$的XPS图谱已在第三章进行了详细分析，结果表明熔融共混后的纯PPS树脂发生部分氧化，PPS大分子链中含有部分亚砜基，氧化处理后的PPS分子链上的C—S键受到强烈的氧化破坏，含量大幅度降低，亚峰基和砜基的含量均有很大程度的增加。

表4-7 PPS及纳米复合材料的S$_{2p}$中各个官能团的含量比

样品	官能团含量/%		
	C—S	—SO—	—SO$_2$—
PPS氧化处理前	67.4	32.6	—
PPS氧化处理后	14.1	29.6	56.3
PPSBG$_1$氧化处理后	18.9	14.9	66.2

从图4-18（c）和表4-7中可以看出，氧化处理后PPSBG$_1$纳米复合材料S元素各个官能团的含量与PPSBM$_1$纳米复合材料十分接近。PPSBG$_1$纳米复合材料S元素的S$_{2p}$与纯PPS一样也可分为C—S键、亚砜基和砜基三个峰[160]，含量分别为18.9%、14.9%和66.2%，C—S键的含量明显高于纯PPS，表明添加BGN在一定程度上可减小C—S键氧化断裂的程度。值得注意的是，氧化处理后PPSBG$_1$纳米复合材料的亚砜基与砜基的含量比接近1∶4.4，砜基的含量占有较大优势，与PPSBM$_1$复合材料基本一致，而纯PPS树脂经过氧化处理后，以亚砜基存在的S元素含量较高，其与砜基的含量比接近1∶1.9，表明BGN的添加也可以促进PPS分子链中亚砜基向砜基的转变，与Bz-MMT片层的作用一致。除此之外，砜基中的S元素已经达到最高价态，难以再与O结合氧化，因而结构稳定，形成类似聚芳硫醚砜（PASS）的结构，BGN的片层也阻碍了氧化性物质的扩散，因此阻碍了PPS发生进一步的氧化分解。

综上，BGN的添加与Bz-MMT片层一样也可以促进亚砜基转变为砜基，形成类PASS结构，S元素达到最高价态，性质稳定难以被氧化，同时，氧化形成的类PASS在PPS基体表面形成保护层，加之BGN片层的阻隔屏蔽作用，限制阻碍氧化性物质及氧化分解产物的分散与传播，阻止PPS基体内部分子链的进一步氧化分解，从而提高其耐氧化性。

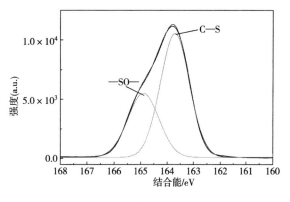

（a）PPS氧化处理前

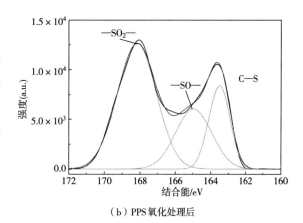

（b）PPS氧化处理后

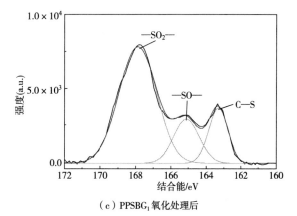

（c）PPSBG$_1$氧化处理后

图4-18 PPS树脂及PPSBG$_1$纳米复合材料中S$_{2p}$的XPS谱图

六、层状纳米颗粒改性PPS耐氧化性机理探究

　　PPS树脂的氧化过程是一个"由表及里"的连锁反应过程，如图4-19（a）所示，当纯PPS树脂与外界热量及O_2、NO_x和SO_x等氧化性物质接触时，它们可以容易地从PPS树脂及制品表面进入内部。在PPS结晶区中由于存在结晶缺陷，氧化性物质可以从晶体缺陷部位进入晶体内部，从而破坏晶体结构；在非结晶区，热量和氧化性物质可以在其间轻易地传播扩散，从而造成无规则排列的PPS分子链断裂和交联，最终造成PPS树脂及制品的破坏失效。同时，当PPS树脂及制品的表面受到氧化腐蚀，产生氧化分解产物后，氧化分解产物可由表面传播扩散至内部，并引发内部PPS分子链的氧化交联降解，并产生氧化分解产物进而引起连锁氧化降解反应。

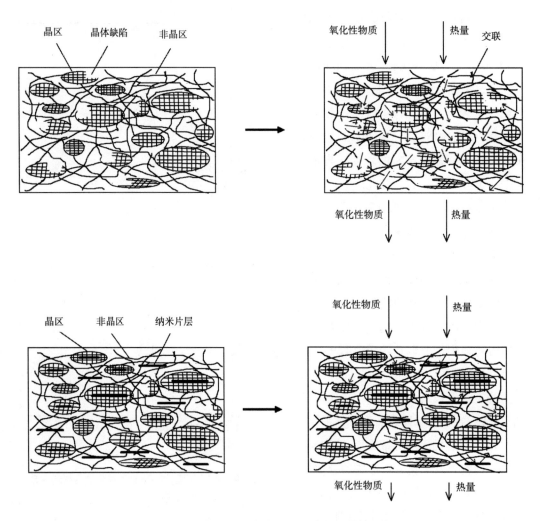

图4-19　层状纳米颗粒改善PPS耐氧化性能模型假说

基于PPSBM$_x$和PPSBG$_x$纳米复合材料的耐氧化性能表征分析并结合纯PPS树脂的氧化降解过程，对层状纳米颗粒改善PPS耐氧化性能的机理提出一个模型假说，如图4-19（b）所示。其作用机理可分为两方面：一方面，剥离的纳米片层在PPS基体中起到异相成核结晶的作用，其促进PPS结晶并提高结晶完整度，减少结晶缺陷，晶区中的PPS分子链排列紧密有序，加之纳米片层的阻隔屏蔽及吸附作用，O$_2$等氧化性物质难以进入晶体内部而延缓氧化速度；另一方面，剥离的纳米片层阻碍延缓了O$_2$等氧化性物质及氧化分解产物在PPS基体无定形区中的扩散传播，进而延缓氧化，还有就是层状纳米颗粒片层可促进PPS分子链中S元素转变为砜基，形成结构稳定的类聚芳硫醚砜保护层，砜基中的S元素已经达到最高价态，性质稳定，难以吸引O$_2$、NO$_x$和SO$_x$等氧化性物质，从而避免PPS基体内部受到氧化而提高PPS的耐氧化能力。

本章小结

本章利用熔融插层共混法制备PPSBG$_x$纳米复合材料，并对其结构形态、力学性能、热稳定性、结晶性能及耐氧化性能进行研究，得到以下结论：

（1）PPSBG$_x$纳米复合材料的结构形态表征结果表明，当BGN含量≤1%时，BGN可在PPS基体中形成剥离片层，当含量＞1%时，部分BGN会在PPS分子链插层前发生降解并产生团聚。

（2）PPSBG$_x$纳米复合材料的力学性能测试表明，添加BGN可显著改善PPS基体的力学性能，随着BGN含量的增加，PPSBG$_x$纳米复合材料的拉伸强度和拉伸模量呈现先增大后减小的趋势，当BGN含量为1%时，拉伸强度和拉升模量分别从76.5MPa和1775.8MPa增大到132.4MPa和3467.5MPa，分别提高了73.1%和95.3%，同时石墨烯纳米片层也在一定程度上起到增塑剂的作用，使韧性得到小幅度的提高，但含量较高时会形成网络结构限制PPS分子链段运动，韧性变差；PPSBG$_x$纳米复合材料的储存模量也随着BGN含量的增加呈现增大的趋势。

（3）PPSBG$_x$纳米复合材料的结晶性能测试表明，BGN的纳米片层起到了异相成核剂的作用，可有效加快PPS基体的结晶速率并提高结晶度，同时添加BGN也可提高PPS的结晶完整度减少结晶缺陷。

（4）PPSBG$_x$纳米复合材料的非等温结晶测试表明，添加BGN可提高PPS基体的结晶温度，T_c随BGN含量的增加也呈现出先增大后减小的趋势；BGN的纳米片层提供了成核点加速了PPS的结晶速率，$t_{1/2}$随着BGN含量的增加也是呈现先减小后增大的变化趋势；Mo方程可以有效表示PPS及PPSBG$_x$纳米复合材料的非等温结晶过程，BGN纳米片层也是通过影响PPS的成核和晶体生长进而加速非等温结晶过程；PPSBG$_x$复合体系的E_a随着BGN含量的增加呈现增大的趋势。

（5）PPSBG$_x$纳米复合材料的热稳定性测试分析表明，BGN的添加提高了PPS基体的热稳定性，当BGN含量为0.5%时，初始分解温度提高了33.1℃，最大分解速率温度提高了19.2℃，但是高含量的BGN会使PPS的热稳定性下降，石墨烯片层的高热传导率也使PPSBG$_x$纳米复合材料的热分解速率高于纯PPS。

（6）PPSBG$_x$纳米复合材料的耐氧化性能测试表明，经过氧化处理后，PPSBG$_x$纳米复合材料的拉伸强度保持率高于纯PPS树脂的拉伸强度保持率，PPS树脂拉伸强度从76.5MPa减小至7.4MPa，保持率仅为9.7%，PPSBG$_1$拉伸强度则是由132.4MPa减小到61.1MPa，拉伸强度保持率为46.1%；添加BGN可在熔融共混加工和氧化处理过程中降低PPS的氧化程度，延缓C—S键氧化断裂，减少亚砜基，砜基及芳香醚官能团的形成；BGN纳米片层能够限制降低PPS分子链中S元素与O元素的结合，降低O元素的含量，同时还可以促进亚砜基向砜基的转变，在PPS复合体系表面形成稳定的保护层，提高PPS的耐氧化能力。基于此表征分析，提出层状纳米颗粒改善PPS基体耐氧化性能的机理。

第五章

聚偏氟乙烯改性聚苯硫醚的结构与性能研究

前两章已经利用添加层状纳米颗粒来改善PPS的耐氧化性能，并提出了耐氧化机理的模型假说，但是利用层状纳米颗粒与PPS树脂熔融复合前需进行有机改性，而改性修饰过程中利用的有机改性剂在熔融过程中会部分发生降解，使PPS基复合材料产生结构缺陷，力学性能、耐热稳定性和耐氧化性能下降。然而利用合适的高聚物与PPS进行熔融共混制备复合材料却可以避免上述问题，并可能会给PPS树脂引入新的性能。同时，不同种类的聚合物利用熔融共混也是聚合物材料改性最简便、经济的方法之一，且该方法成熟，多种聚合物共混物也已成功商业化。不同种类的聚合物熔融共混物可以均衡不同种类聚合物的性能，克服单一聚合物性能上的不足，赋予共混物特殊的优异性能，满足生产加工的要求[12]。

利用PPS与其他聚合物共混来改善自身的缺陷或提高某些性能，满足不同用途的需求，也是制备PPS高性能材料的重要手段。现阶段，PPS与聚合物的共混改性主要是提高PPS的韧性和耐磨性、改善PPS的加工性能、降低成本和改善其他聚合物的性能，同时，部分PPS共混物也已经成功商业化[68, 110, 167-168]。然而利用聚合物改善PPS易氧化的缺点的研究报道还较少见，PVDF作为一种氟类聚合物，具有良好的耐氧化性能，将其与PPS进行熔融共混改性可能会改善PPS的耐氧化性能。但是，PPS的熔融温度较高和熔体流动性较好，PVDF与PPS的熔点相差高达110℃左右，且熔体流动性较差，因此，PPS与PVDF的熔融共混存在一定的加工难度。

聚合物共混物的化学结构与微观形态影响其物理性能，不同聚合物的相形态结构对共混物的性能有重大影响，也是决定共混物材料性能的关键因素之一。影响聚合物相形态结构的因素主要可分为三类[169]：一类是热力学因素，包括聚合物之间的相互参数及界面张力等；另一类是动力学因素，包括分散相的分散团聚等过程；最后一类则是制备加工过程中的剪切场和拉伸流动场作用。因而PPS与PVDF的相形态结构对PPS共混物的性能具有巨大的影响。

因此，本章利用熔融共混法制备PPS/PVDF共混物，研究观察PPS/PVDF共混物的相形态结构，并对共混物的力学性能、结晶性能、热稳定性及耐氧化性能进行测试分析，探讨添加PVDF改善PPS耐氧化性能的原理。

第一节　实验部分

一、实验材料及仪器设备

（一）实验材料

PPS树脂购自江苏瑞泰科技有限公司，MFR为150g/10min（315℃，5kg），熔点在285℃左右。

PVDF粉末购自上海东氟化工科技有限公司，MFR为16.4g/10min（230℃，2.16kg），熔点在170℃左右。

盐酸（HCl，37%）、二氯甲烷（≥98%）、石油醚、硫酸（H_2SO_4，95%~98%）、硝酸（HNO_3，65%~68%）购自国药集团上海化学试剂有限公司，级别为分析纯（AR）。

（二）仪器设备

SJSZ-10A微型双螺杆挤出机购自武汉瑞鸣塑料机械有限公司；DZG-6050D型真空干燥箱购自上海森信实验仪器有限公司；SA-303型台式热压机购自日本三洋株式会社；SDL-100型试样切片机购自日本Dumbell株式会社；AL204型电子天平购自梅特勒—托利多国际贸易（上海）有限公司。

Nicolet iS10型傅里叶变换红外光谱仪购自赛默飞世尔科技（中国）有限公司；Miniflex300型X射线衍射仪购自日本理学株式会社；PEZ-SX型拉力试验机购自日本岛津株式会社；TA-Q500型热重分析仪、TA-Q200差示扫描量热仪购自美国TA仪器有限公司；SU1510型扫描电子显微镜购自日本日立株式会社制作所；DVA-225型动态力学分析仪购自日本IT计测制御株式会社。

二、PPS/PVDF共混物的制备

PPS/PVDF共混物按照不同的质量百分比100/0、95/05、90/10、80/20、70/30、60/40和0/100在SJSZ-10A微型双螺杆挤出机中进行熔融共混改性，其中螺杆转速为30r/min，共混时间为10min。双螺杆挤出机的加料口温度和挤出口温度分别为285℃和300℃，在熔融共混前，PPS树脂和PVDF粉末均在100℃下真空干燥12h。PPS/PVDF共混物力学测试样品的制备方法与第三章相同。

三、结构与性能表征

（一）形态结构分析

PPS/PVDF共混物熔融挤出样条经液氮冷却淬断并在淬断面喷金，利用SU1510扫描电镜对淬断横截面进行观察分析，观察PPS与PVDF的相形态结构；利用全反射傅里叶变换红外光谱仪研究PPS与PVDF熔融共混过程中是否发生化学改性，扫描范围为4000~400cm^{-1}，分辨率为4cm^{-1}；利用X射线衍射仪对PPS/PVDF共混物进行结构分析，观察PPS及PVDF晶型的变化，其中放射源为CuKα靶（λ=0.154nm），管电压和电流分别为30kV和10mA，扫描范围2θ为3°~90°，扫描速率为3°/min。

（二）力学性能测试分析

利用EZ-SX型拉力试验机在25℃、40%湿度下对样品进行拉伸测试，样品夹持距离为20mm，拉伸速度为5mm/min，每组样品至少拉伸测试5次，最后取平均值。

（三）热稳定性测试

采用TA-Q500型热重分析仪在N$_2$氛围下对PPS/PVDF共混物进行热稳定性测试，取经真空干燥后的试样8~10mg，温度测试范围为30~800℃，升温速率为10℃/min，N$_2$流速为50mL/min。

（四）结晶性能测试

采用TA-Q200差示扫描量热仪对PPS/PVDF共混物进行结晶性能测试，称取经真空干燥后的样品6~10mg放入铝坩埚中并密封，在N$_2$氛围下（50mL/min）以10℃/min的升温速率从30℃升温至320℃，并在320℃下保温5min使样品完全熔融以消除热历史，然后以20℃/min的降温速率降至30℃，第二次升温再以20℃/min的升温速率从30℃升温至320℃，从降温曲线和第二次升温曲线获得结晶和熔融行为的热力学参数。

（五）耐氧化性能测试

本章对PPS/PVDF共混物耐氧化性能进行测试表征与第三章基本相同，但PVDF中C、H元素会影响XPS分析，故本章中未进行XPS测试分析。

第二节 结果与讨论

一、PPS/PVDF共混物形态结构分析

PPS/PVDF共混物淬断面的SEM图如图5-1所示，SEM图清楚地表明PPS/PVDF共混物表现出两相结构，即"海岛"结构，主要成分PPS形成连续相（海相），次要成分PVDF形成分散相（岛相）。

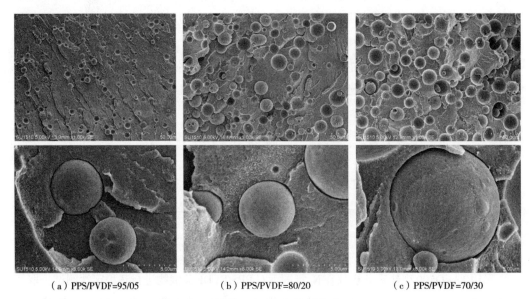

（a）PPS/PVDF=95/05   （b）PPS/PVDF=80/20   （c）PPS/PVDF=70/30

图5-1 PPS/PVDF共混物的SEM图

从图5-1可以观察到，PPS/PVDF=95/05共混物中PVDF相的颗粒直径在2~5μm，随着PVDF相含量的增加，PVDF相的颗粒直径逐渐增大，PPS/PVDF=70/30共混物中PVDF相的颗粒直径则在5~10μm，这一现象可归为PPS和PVDF两者熔融指数的巨大不同导致加工性能的差异。熔融加工过程中，PPS和PVDF相在剪切力作用下尽管存在较强的分散混合作用，但PVDF相更容易形成独立的分散相，因此，随着PVDF相含量的增加，在熔融过程中PVDF相颗粒的直径也更易增大。也可以理解为PVDF相的熔点为170℃，而PPS相的熔点为285℃。PPS/PVDF=70/30共混物在熔融共混过程中，PVDF相首先熔融形成基体连续相，此时，PPS相未熔融以颗粒状分散在其中，而当PPS相完全熔融后，PPS的熔融颗粒会逐渐变形并互相连接形成连续相，PVDF熔融相则被快速分成小微滴从而变成分散相，这是因为PPS相在共混物中具有优势体积分数。而PPS/PVDF=95/05共混物中，PVDF相的体积分数太小，即使其首先熔融，PVDF相的熔融颗粒也不能连接形成基体连续相，而是仍保持分离的状态。当PPS相熔融形成连续相后，PVDF相则会被分成更小的微滴，因此，在所

有样品中会观察到分离的球形PVDF颗粒。除此之外，可以观察到PVDF颗粒的边缘轮廓清晰并与PPS基体分离有缝隙存在，同时，在图中也发现许多球形孔洞，这是样品在淬断过程中PVDF颗粒被拔出形成的。这一明显的相分离结构表明PPS和PVDF相之间存在不混溶性，阻止熔融共混过程中两者之间产生更高的界面张力。同时，分散相PVDF颗粒与PPS连续相的分离结构表明PPS相与PVDF相表面存在较差的黏附力。

图5-2为PPS、PVDF和PPS/PVDF共混物的FT-IR图。图中PPS树脂在1573cm^{-1}，1470cm^{-1}和1384cm^{-1}处的吸收峰为苯环碳碳骨架的伸缩振动峰，1091cm^{-1}处为苯环上C—S键的伸缩振动峰，807cm^{-1}为苯环1，4对位取代特征峰。同时，PVDF树脂的特征吸收峰如下：1404cm^{-1}处为C—H键的变形振动吸收峰，1178cm^{-1}处为C—F键的伸缩振动峰，976cm^{-1}，796cm^{-1}和764cm^{-1}处的吸收峰则是PVDF树脂α晶相的伸缩吸收峰。由图可知，PPS和PVDF树脂的红外特征吸收峰都在PPS/PVDF共混物红外图谱的相同位置出现，同时，PPS/PVDF共混物中并没有新官能团的红外吸收峰出现，表明PPS和PVDF仅仅是物理共混，PPS/PVDF共混物并没有新的化学官能团产生。然而，需要指出的是，PPS/PVDF共混物在840cm^{-1}处出现了一个新的吸收峰，这个峰对应的是PVDF树脂β晶相的振动吸收峰，同时，也可以观察到α晶相对应的吸收峰也变得不显著甚至消失，表明PPS的添加可能会促进PVDF树脂中α晶相向β晶相的转变。

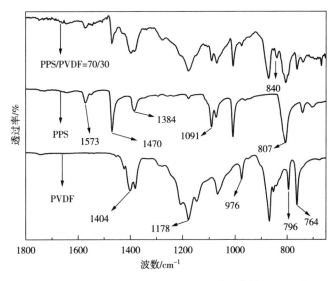

图5-2　PPS、PVDF和PPS/PVDF共混物的FT-IR图

PVDF树脂通常具有5种晶相，包括α、β、γ、δ和ε五种晶相[115]。在过去研究中，最常见的是α和β晶相，但是只有α结晶相会在熔融加工过程中产生。因此，利用XRD研究PPS/PVDF共混物的晶相。图5-3为PPS、PVDF和PPS/PVDF共混物的XRD图。PVDF的XRD图谱上$2\theta \approx 18°$，$18.7°$和$20.1°$处的峰对应的是PVDF树脂α晶相（100），（020）和（110）面的衍射峰，除此之外，在$2\theta \approx 26.7°$处的小肩峰是α晶相的特征衍射峰，对应的是（201）

和（310）面。PPS的XRD图谱上$2\theta \approx 20.7°$处的强峰是对应（102）、（200）和（201）面的复合衍射峰，然而，PVDF树脂β晶相的衍射峰在$2\theta \approx 20.8°$处，其位置与PPS的衍射峰十分相近，因此，在PPS/PVDF共混物的XRD图谱中难以区分PVDF树脂β晶相的衍射峰和PPS的强衍射峰。但是需要指出的是，PVDF树脂在$2\theta \approx 26.7°$处的小肩峰在PPS/PVDF共混物的XRD图谱中消失，同时，α晶相（002）面的衍射峰也变得不明显，结合前面FT–IR分析，可以推断PPS与PVDF熔融复合过程中促进了PVDF树脂中α晶相向β晶相的转变。

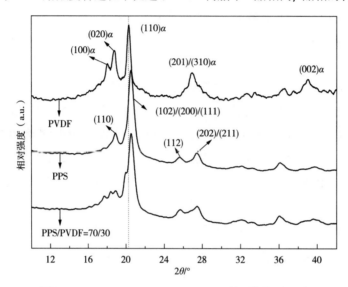

图5-3　PPS、PVDF和PPS/PVDF共混物的XRD图

二、PPS/PVDF共混物力学性能分析

　　PPS/PVDF共混物的拉伸强度、拉伸模量和断裂伸长率与PVDF含量的关系如图5-4所示。由图可知，PPS/PVDF共混物的拉伸强度和拉伸模量随着PVDF含量的增加首先增大然后逐渐减小。当PVDF的含量低于10%时，PPS/PVDF共混物的拉伸强度和拉伸模量与PPS相比显著提高。当PVDF的含量为5%时，拉伸强度和拉伸模量分别从76.5MPa和1775.8MPa增大到120.1MPa和2603.1MPa。因此，当适量的PVDF与PPS共混时可以有效提高PPS的力学性能，因为PPS/PVDF共混物受到的外界应力在传递过程中会遇到PVDF相（岛相），此处应力场的叠加能够阻止微裂纹的进一步开裂扩大，因此，使PPS/PVDF共混物的力学性能提高；但是，随着PVDF含量的增加，PVDF相的尺寸不断变大，PPS与PVDF相之间存在明显的界面分离和较差的黏附力，此时PVDF相的存在会破坏PPS/PVDF共混物的整体结构并成为应力传递过程中的薄弱环节，因此，PPS/PVDF共混物的力学性能会下降甚至低于纯PPS树脂。除此之外，PPS/PVDF共混物的断裂伸长率也是随着PVDF含量的增加首先增大然后逐渐减小，但只是小幅度的增大，PPS/PVDF共混物仍是脆性断裂。

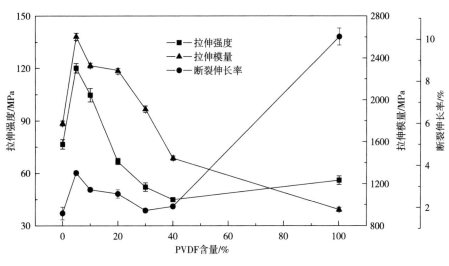

图5-4　PPS/PVDF力学性能与PVDF含量关系图

三、PPS/PVDF 共混物热稳定性分析

PPS、PVDF及PPS/PVDF共混物TG和DTG曲线如图5-5所示，表5-1中列出质量损失分别为5%，15%和50%对应的热分解温度$T_{5\%}$，$T_{15\%}$和$T_{50\%}$以及最大损失速率温度T_{max}。由图所示，PPS和PVDF的热失重在整个测试温度范围内都呈现一步降解的过程，PPS/PVDF共混物则呈现出两步降解的过程。PPS树脂在452.2℃开始分解，而PVDF的起始分解温度却要高出11℃。PPS的热降解机理和热降解动力学参数已经被研究报道过[170–172]。Montaudo和Puglisi[172]认为PPS的测试温度范围内的整个热降解过程包括几个分解过程，其可以分为430~450℃时苯环上C—S键的断裂并伴随环化低聚物的产生，500℃左右进一步降解并伴随线型苯硫醇的生成，550~650℃时的脱氢反应和最后700℃左右时的热解残渣中S元素的脱去。

表5-1　PPS、PVDF及PPS/PVDF共混物的热分解参数$T_{5\%}$、$T_{15\%}$、$T_{50\%}$和T_{max}

样品	$T_{5\%}$/℃	$T_{15\%}$/℃	$T_{50\%}$/℃	T_{max1}/℃	T_{max2}/℃
PPS	452.2	484.7	533.9	—	512.3
PVDF	463.3	472.5	488.1	480.7	—
95/05	471.4	502.7	619.5	480.1	541.4
90/10	466.7	490.7	584.9	483.1	533.1
80/20	461.7	479.7	572.7	478.4	534.2
70/30	452.1	466.2	603.6	466.5	537.6
60/40	442.6	461.2	586.5	461.7	536.7

　　PVDF树脂的热降解过程主要发生在460~700℃。PVDF树脂的热降解机理和热降解动力学参数也已经被研究报道过[118, 173]。Botelho等人[173]发现PVDF的热降解过程可以分为两个步骤：第一步是PVDF的热分解是分子链上C—H键的断裂和氟化氢（HF）的产生；第二步则是一个复杂的降解过程，包括HF的进一步损失并伴随着聚（芳构化）反应。同时，PVDF树脂的热降解与其结晶度及β晶相所占晶区的比例无关，因为PVDF开始热降解的温度比PVDF树脂完全熔融要高300℃左右。

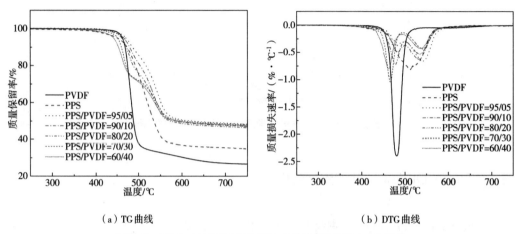

（a）TG曲线　　　　　　　　　　　　　（b）DTG曲线

图5-5　PPS、PVDF和PPS/PVDF共混物的TGA曲线图

　　由图5-5可以观察到尽管PPS起始热降解的温度低于PVDF，但是PVDF的热降解速率要高于PPS。最大分解速率温度和初始分解温度的温度差（$T_{max}-T_{5\%}$）可以用来表征树脂的热降解速率。PPS树脂的温度差大约是60℃，而PVDF的温度差仅为17℃，这表明PVDF树脂随着C—H键的断裂和氟化氢的产生而开始降解后，PVDF树脂的降解速率和挥发性降解产物的损失速率都是非常迅速的。PPS树脂的热降解速率较低，可归为其在热降解过程中化学交联反应和环化作用较为显著[171]。

　　从表5-1中可以发现PVDF的添加可以提高PPS的热稳定性，但是PPS/PVDF共混物的初始分解温度随着PVDF含量的增加而降低，当PVDF的含量大于20%时，PPS/PVDF共混物的初始分解温度开始低于纯PPS。除此之外，不同PVDF含量的PPS/PVDF共混物中PPS的最大分解速率温度（T_{max2}）比纯PPS树脂都要高20~30℃。同时，对于PPS/PVDF共混物中PVDF相，其$T_{5\%}$和T_{max}随着PPS含量的增加而逐渐增大。由图5-5也可以发现PPS/PVDF共混物的热分解残留量明显高于纯PPS和纯PVDF树脂，这可以解释为PPS和PVDF的分解产物之间发生化学相互作用形成新物质，且热稳定性极高。显而易见，PVDF的添加可以显著改善PPS的热稳定性，尤其是当PVDF的含量低于20%时。然而当PVDF的含量高于20%时，PPS/PVDF共混物的$T_{5\%}$和T_{max1}显著下降甚至低于纯PVDF，这一现象可以根据先前的研究报道来解释证明，尽管PPS在较低的温度下开始热分解，但是PVDF的分解速率更快。研究已证明PPS的热分解是以C—S键的热断裂开始的，C—S键断裂产生的自由基会从PVDF和PPS分子链中夺取H原子，因此，共混物中的PVDF会在较低的温度下开始分解[174]，且分解速率快于纯PPS。

四、PPS/PVDF共混物结晶性能分析

PPS和PVDF树脂都为半结晶性聚合物，两者的结晶性能对PPS/PVDF共混物的性能有着显著的影响。PPS、PVDF树脂及PPS/PVDF共混物的DSC曲线如图5-6所示，其结晶性能参数在表5-2中列出。结晶度（X_c）根据式（5-1）计算：

$$X_c = \frac{\Delta H_m}{\Delta H_f(1 - W_f)} \times 100\% \qquad (5-1)$$

式中：X_c为结晶度；ΔH_m为PPS或PVDF的熔融热熔（J/g）；ΔH_f为100%结晶的PPS或PVDF的熔融热熔（J/g）；W_f为PVDF或PPS在共混物中的质量分数。

从图5-6中可以观察到PPS/PVDF共混物的熔融曲线在170℃和280℃出现两个熔融峰，这两个峰分别对应的是PVDF和PPS树脂的熔点，这表明PPS和PVDF树脂的晶体结构基本没有发生变化，同时，两者在分子层次未实现可混合性。除此之外，从图5-6（a）也发现PPS/PVDF共混物的冷却结晶曲线上也出现两个结晶峰，较高的结晶峰（237℃）对应的是PPS相，较低的结晶峰（132℃）对应的是PVDF相，这表明共混物中PVDF相会在结晶PPS存在的条件下开始结晶。从表5-2中可以看出PPS/PVDF共混物中PVDF相的结晶温度（T_c）要比纯PVDF树脂高2℃左右，表明结晶PPS在PVDF相的结晶过程中起到了有效成核剂的作用，然而当PVDF的含量高于20%时，PVDF相的结晶度（X_c）却小于纯PVDF树脂。根据先前的研究[117, 175]，PVDF相T_c的提高一般归功于结晶PPS颗粒的有效成核剂作用和PVDF相中β晶相的形成。同时，PPS/PVDF共混物中PVDF相的X_c减小是由结晶PPS颗粒和熔融PVDF相间相互作用及结晶PPS颗粒对PVDF分子链段运动的限制作用共同引起的。当PVDF的含量越高，越多的结晶PPS颗粒可以进入熔融的PVDF相中，因此，结晶PPS颗粒和熔融PVDF间相互作用及限制作用越强，从而PVDF相的X_c减小。当PVDF相的含量较少时，结晶PPS颗粒的有效成核剂作用占主导地位，因而PVDF相的X_c增大。从图中还可以观察到共混物中PVDF相的T_m几乎没有变化，这一现象表明PVDF相的结晶完整度几乎没有变化。但是需要指出的是在PVDF相熔点的低温方向即165℃附近出现了一个新的熔融峰，这个峰为PVDF的β晶相的熔融峰，这也与前面FT-IR和XRD分析相互验证，表明PPS可促使PVDF的α晶相向β晶相转变。

表5-2　PPS、PVDF和PPS/PVDF共混物的DSC热性能参数

样品	PVDF					PPS				
	T_c/℃	ΔH_c/ (J·g^{-1})	T_m/℃	ΔH_m/ (J·g^{-1})	X_c/%	T_c/℃	ΔH_c/ (J·g^{-1})	T_m/℃	ΔH_m/ (J·g^{-1})	X_c/%
PPS	—	—	—	—	—	231.6	39.6	279.0	37.0	47.7
PVDF	130.6	48.1	169.1	50.1	47.9	—	—	—	—	—
95/05	131.6	2.4	168.7	3.0	57.3	236.6	39.3	280.5	33.7	45.8
90/10	131.9	4.3	168.7	5.4	51.6	236.6	38.6	280.7	32.8	47.0
80/20	133.2	9.3	168.9	9.9	47.3	237.4	32.3	280.4	30.1	48.5
70/30	132.3	14.1	169.4	13.3	42.3	237.7	27.3	280.9	23.2	42.8
60/40	132.4	16.4	169.3	15.2	36.3	237.7	25.6	281.0	22.5	48.4

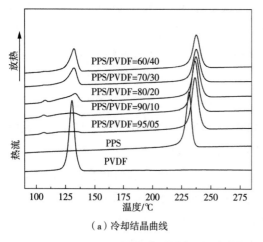

（a）冷却结晶曲线

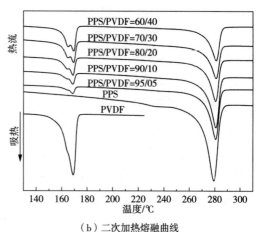

（b）二次加热熔融曲线

图5-6　PPS、PVDF及PPS/PVDF共混物的DSC曲线

从图5-6及表5-2可以观察到共混物中PPS相的T_c比纯PPS提高了6℃左右，同时，共混物中PPS相结晶所需的过冷度（$\Delta T = T_m - T_c$）与纯PPS树脂相比降低了4℃左右，表明PPS与PVDF树脂共混后结晶速率加快，这一加速效果可归为PPS和PVDF之间界面相互作用引发的异相成核结晶。共混物中PPS的T_m也一直高于纯PPS树脂，表明PVDF的添加可以加速结晶，并提高PPS相的结晶完整度，这是因为PPS在熔体PVDF中结晶时两者之间的界面相互作用会引起界面成核。除此之外，还可发现共混物中PPS和PVDF相的结晶热焓和熔融热焓都低于纯PPS和PVDF树脂，且随着各自含量的增加而增大，表明共混物中PPS和PVDF结晶区域在加工过程中是无序排列的[109, 176]。

五、PPS/PVDF共混物耐氧化性能分析

（一）力学性能分析

PPS树脂及PPS/PVDF共混物样品氧化处理前后的拉伸强度如图5-7所示。从图可知，经加速氧化处理后，纯PPS树脂的拉伸强度从76.5MPa降低至7.4MPa，拉伸强度保持率仅为9.7%，表明拉伸样品受到严重氧化，PPS分子链受到氧化发生了大量的断裂，导致材料力学性能大幅度下降。PPS/PVDF（95/05）共混物的拉伸强度则是由120.1MPa减小到50.6MPa，其拉伸强度保持率可达到42.1%，PPS/PVDF（90/10）共混物的拉伸强度从104.7MPa降为43.7MPa，强度保持率为41.7%。由此可见，PPS/PVDF共混物的拉伸强度保持率明显高于纯PPS树脂，且经氧化处理后的PPS/PVDF共混物的拉伸强度也明显高于纯PPS树脂。可以从两方面对这一现象进行解释：一方面，PVDF添加使共混物受到外界应力拉伸时产生应力场叠加从而力学性能提升，经氧化处理后，共混物中PPS受氧化程度严重，但受外界拉伸时应力场叠加仍存在，力学性能仍保持较好；另一方面，PPS与PVDF混溶性差，界面之间存在缝隙，因而在氧化处理过程中，其缝隙可以延缓阻碍氧化性物质及氧化分解产物的扩散与传递，进而使PPS基体的氧化程度降低，因此，PPS/PVDF共混物的拉伸强度保持率比纯PPS树脂要高。

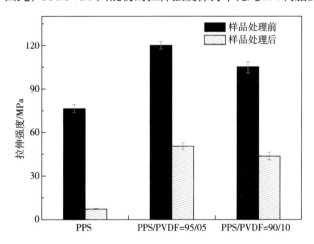

图5-7　氧化处理前后PPS及PPS/PVDF共混物的拉伸强度变化

（二）全反射红外光谱分析

对氧化处理前后的PPS/PVDF共混物样品采用全反射红外光谱（ATR FTIR）进行测试，分析处理前后样品中官能团的种类及含量变化来表征耐氧化能力，并对耐氧化机理进行探讨分析。PPS及PPS/PVDF共混物的红外光谱如图5-8所示，各官能团的相对吸光度列在表5-3中。第三章的分析已表明，PPS树脂在经过熔融共混时会发生氧化交联，并且纯PPS树脂经过氧化处理后氧化程度严重，分子链发生较大程度的断裂与交联。

表5-3　PPS树脂及PPS/PVDF共混物氧化处理前后红外光谱特征吸收峰相对吸光度

波数／cm⁻¹	相对吸光度			
	PPS氧化处理前	PPS氧化处理后	PPS/PVDF（95/05）氧化处理前	PPS/PVDF（95/05）氧化处理后
1572	1.00	1.00	1.00	1.00
1178	0.31	1.97	0.21	2.82
1091	3.62	2.52	4.56	2.93
1075	1.32	0.79	0.97	0.60
1044	—	2.46	—	2.19
807	9.92	9.27	12.04	8.84

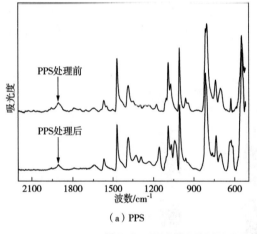

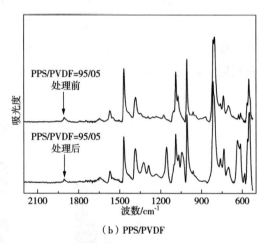

（a）PPS　　　　　　　　　　　（b）PPS/PVDF

图5-8　PPS及PPS/PVDF共混物氧化处理前后的红外光谱图

　　从图5-8（b）及表5-3可以看出，PPS/PVDF=95/05共混物与纯PPS树脂在氧化处理前，其相同官能团的相对吸光度也有较大差异，尤其是PPS分子链上的主要化学键C—S键的相对吸光度。PPS/PVDF共混物与纯PPS树脂均在双螺杆熔融挤出机中共混10min，同时又经过了长时间热压，PPS在高温加工条件下较易发生氧化，这是PPS在纺丝注塑过程中不可回避的问题。PVDF的添加却可以在一定程度上延缓PPS在熔融加工过程中发生氧化交联，从表中可以发现苯环上C—S键及苯环对位取代峰的相对吸光度明显高于纯PPS，亚砜基和砜基的相对吸光度也有一定程度的降低。这是因为PVDF树脂的熔点较低，在共混加工过程中，PVDF会首先熔融并附在PPS颗粒表面进而阻隔了PPS树脂与外界环境接触，因此，PPS氧化程度降低。PPS/PVDF=95/05共混物氧化处理后各个官能团相对吸光度的变化趋势与纯PPS树脂也基本一致。从图5-8（b）及表5-3可以看出，PPS/PVDF共混物苯环上C—S键的减少程度却高于纯PPS树脂，但C—S键的相对吸光度却高于纯PPS，砜基的增加程度也高于纯PPS树脂，同时，亚砜基的减少程度与纯PPS基本相同，芳香醚的相对吸光度也低于纯PPS，表明PVDF的添加可以在加工过程中一定程度上改善PPS的耐氧化性，但是在氧化处理过程中效果不明显，综合来看，共混物的耐氧化性能与纯PPS树脂相比仍较好。PPS与PVDF的不混溶性导致两者出现相分离结构，在氧化处理过程中，PVDF分子因不能与PPS大分子达成分子层级的混合，所以，无法在氧化处理过程中对PPS起到保护作用，但是PPS与PVDF相间的缝隙可以延缓阻碍氧化性物质及PPS氧化分解产物的扩散，延缓阻碍PPS的氧化进程。综上，PVDF的添加可以大幅度改善PPS加工过程中的耐氧化能力，但是PPS/PVDF共混物的耐热酸氧的效果并不显著。

结合前两章MMT和石墨烯分别改性聚苯硫醚耐氧化性能的测试分析，可以发现层状纳米颗粒改性聚苯硫醚复合材料经过氧化处理后的拉伸强度保持率要高于PPS/PVDF共混物；同时基于ATR-FTIR测试分析，可以发现层状纳米颗粒改性聚苯硫醚复合材料经过氧化处理后，C—S键吸收峰和苯环1,4对位取代吸收峰的减弱程度要明显低于PPS/PVDF共混物，—SO$_2$—的吸收峰增强程度也是要显著低于PPS/PVDF共混物。因此，层状纳米颗粒改性聚苯硫醚的耐氧化效果要优于PPS/PVDF共混物。

本章小结

本章利用熔融共混法在双螺杆挤出机中制备PPS/PVDF共混物，并对其结构形态、力学性能、热稳定性、结晶性能及耐氧化性能进行研究，得到以下结论：

（1）PPS/PVDF共混物的形态结构表征表明，PPS/PVDF共混物表现出两相"海岛"结构，PPS形成连续相（海相），PVDF形成分散相（岛相）；PPS与PVDF之间存在不混溶性，且二者表面黏附力差，PVDF的边缘轮廓清晰与PPS之间存在缝隙。PPS与PVDF树脂在熔融共混过程中未发生化学交联反应产生新的化学官能团，但PPS促进了PVDF的α晶相向β晶相的转变。

（2）PPS/PVDF共混物的力学性能测试表明，PPS/PVDF共混物的拉伸强度和拉伸模量随着PVDF含量的增加呈现先增大后减小的趋势，当PVDF的含量为5%时，拉伸强度从76.5MPa增大到120.1MPa，提高了56.9%，拉伸模量从1775.8MPa增大到2603.1MPa，提高了46.5%，同时添加PVDF可小幅度提高PPS的韧性，但PPS/PVDF共混物仍为脆性断裂。

（3）PPS/PVDF共混物的热稳定性测试分析表明，当PVDF的含量低于20%时，PVDF的添加改善了PPS的热稳定性，当PVDF含量仅为5%时，初始分解温度提高了19.2℃，最大分解速率温度提高了29.1℃，但是当PVDF的含量高于20%时，PPS/PVDF共混物的热稳定性有大幅降低。

（4）PPS/PVDF共混物的结晶性能测试表明，PPS/PVDF共混物中PPS和PVDF树脂各自晶体结构基本没有发生变化，结晶PPS在PVDF树脂结晶过程中起到异相成核剂的作用，加快了PVDF相的结晶速率并提高了结晶度，但当PVDF的含量高于20%时，结晶PPS会阻碍限制PVDF分子链段的运动进而阻碍PVDF结晶，同时PPS会促进PVDF的α晶相向β晶相转变；而PVDF的添加可以提高PPS的结晶速率并改善PPS的结晶完整度。

（5）PPS/PVDF共混物的耐氧化性能测试表明，PPS/PVDF共混物经氧化处理后拉伸强度的保持率高于纯PPS树脂的保持率，PPS树脂拉伸强度从76.5MPa减小至7.4MPa，保持率仅为9.7%，PPS/PVDF=95/05的拉伸强度则是由104.5MPa减小到47.6MPa，保持率可达到42.1%；PVDF树脂的添加可以在熔融共混加工过程中大幅度改善PPS的耐氧化能力，分子链中C—S键的相对吸光度远高于纯PPS，但PPS/PVDF共混物耐热酸氧的效果与PPS/层状纳米颗粒复合材料相比并不显著。

第六章

聚苯硫醚基复合熔融纺丝纤维的
制备与性能研究

PPS纤维作为一种高性能纤维，具有优良的耐热性、耐化学腐蚀性、阻燃性和力学性能等，利用针刺或水刺制备的PPS滤袋在热电、钢铁、水泥和垃圾焚烧等高温烟气除尘领域得到了广泛应用[177-180]。高温烟气成分复杂，含有硫氧化物（SO_x）、氮氧化物（NO_x）、未燃烧耗尽的O_2等氧化性气体以及水蒸气等，这些成分在高温环境下使PPS大分子链断裂同时伴随氧化交联，宏观表现为PPS纤维断裂或力学性能下降，PPS滤袋强度下降，硬化变脆并出现破损失效，严重影响滤料使用寿命及企业生产正常进行[181-182]。

因此，利用改性提高PPS纤维的耐氧化性能是目前高温烟尘过滤领域亟待解决的问题。前三章已利用层状纳米颗粒和高聚物PVDF与PPS熔融共混制备复合材料，并对其结构与耐氧化性能等进行了论述与研究分析，但要使改性复合材料的应用落到实处，需对PPS熔融纺丝复合纤维的耐氧化性能等进行测试与研究分析，这才能对耐氧化PPS在实际生产应用中提供指导经验。

基于此，本章对前面纤维制备的熔融共混过程及氧化处理过程中耐氧化性能优良的PPS/层状纳米颗粒复合材料进行切粒，然后利用自制的熔融纺丝设备进行PPS熔融纺丝复合纤维的制备，并对PPS熔融纺丝纤维的纤维结晶度、拉伸性能和耐氧化性能等进行测试分析，探讨层状纳米颗粒对PPS熔融纺丝纤维结构和性能的影响。PPS/PVDF共混物因两者的相容性较差，难以纺丝成形，因而本章未对其进行熔融纺丝制备。

第一节　实验部分

一、实验材料及仪器设备

（一）实验材料

PPSBM$_x$纳米复合材料切粒为第三章中所制备；PPSBG$_x$纳米复合材料切粒为第四章中所制备；盐酸（HCl，37%）、硫酸（H$_2$SO$_4$，95%~98%）、硝酸（HNO$_3$，65%~68%）购自国药集团上海化学试剂有限公司，级别为分析纯（AR）。

（二）仪器设备

DSM Xplore Compounder15小型双螺杆混炼机购自荷兰DSM Xplore有限公司；喷丝头及牵伸卷绕装置为自制；DZG-6050D型真空干燥箱购自上海森信实验仪器有限公司；AL204型电子天平购自梅特勒—托利多国际贸易（上海）有限公司。

TA-Q200差示扫描量热仪购自美国TA仪器有限公司；VHX-2000动态分析三维显微镜购自日本Keyence株式会社；EZ-SX型拉力试验机购自日本岛津株式会社。

二、PPS基熔融纺丝纤维的制备

（一）切粒干燥

PPS切粒的含水率会严重影响纺丝过程能否顺利进行，因此，PPS切粒在进行熔融纺丝前，需要进行干燥预处理[183]。本章利用真空干燥箱对PPS/层状纳米颗粒纳米复合材料切粒进行干燥处理，将PPS基纳米复合材料切粒在120℃下恒温干燥8h，以达到去除切粒中所含水分的目的，避免纺丝过程中水分蒸发，造成丝条断头、条干不均、纤维质量恶化等问题。同时，为了保证PPS熔融纺丝过程顺利，喷丝头不被堵塞，熔体流动速率稳定适宜，本章选取层状纳米颗粒含量较低的PPS基纳米复合材料切粒进行熔融纺丝，纳米颗粒含量为0.5%、1%和3%。

（二）熔融纺丝工艺流程

本章利用小型混炼机及自制的牵伸卷绕装置对纯PPS树脂及不同含量的PPSBM$_x$和PPSBG$_x$纳米复合材料切粒进行熔融纺丝，熔融纺丝前需用干燥处理过的PPS树脂切粒冲洗小型混炼机腔体，避免杂质混入影响纺丝，纺丝装置如图6-1所示。PPS基复合材料切粒从喂料口投入，在腔体中高温熔融并经双螺杆剪切向前运动，最终从喷丝头喷出，喷出的PPS熔体先经过自制牵伸装置牵伸，然后经卷绕装置收集。

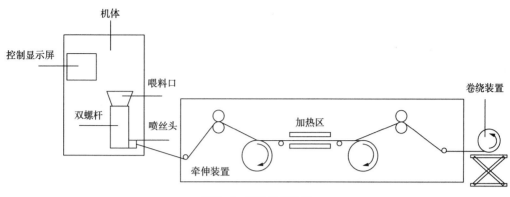

图6-1　熔融纺丝装置

（三）PPS基熔融纺丝工艺参数

本章前期对PPS纺丝工艺参数进行了大量的探索性实验，包括喂料口温度、加热区温度、喷丝头温度、螺杆转速、牵伸区温度和牵伸倍数等工艺参数；喂料口需加装水冷却循环装置，避免温度太高造成PPS在喂料口发生软化粘连，堵塞切粒进入加热区，从而导致纺丝无法顺利进行；加热区温度应控制在290~310℃，温度太高则PPS氧化程度加深，纤维质量恶化，温度太低，PPS黏度太大，难以从喷丝头喷出；喷丝头温度应控制在比加热区温度高5~10℃，温度不宜太高，否则PPS在喷丝过程中氧化降解产生大量气泡使牵伸过程中易断头而难以纺丝；本装置因没有计量泵装置来调节纺丝速度，所以，利用螺杆转速来调节纺丝速度，螺杆转速不宜过高，否则较高的剪切力会损伤PPS分子链，使纤维质量恶化；牵伸区温度应控制在（110±5）℃，温度太低，长丝难以牵伸，温度过高，长丝容易熔断与加热板粘连，因自制牵伸装置的稳定性不佳，不能使用过高的牵伸倍数，目前，牵伸倍数为1.5倍时运行最稳定，调节卷绕装置的卷绕速度使其配合牵伸装置实现顺利收集熔融纺丝纤维。

基于以上对PPS熔融纺丝纤维工艺参数的多次实验性探索，本章PPS熔融纺丝的工艺参数设置如下：喂料口加水冷却装置控制在70℃以下，加热区的一区、二区、三区温度分别为290℃，295℃和300℃，螺杆转速为18r/min，熔体压力控制在288N左右，喷丝头温度为305℃，喷丝孔为圆形，直径为0.5mm，牵伸装置的加热区温度为（110±5）℃，牵伸倍数设为1.5倍。

三、PPS基熔融纺丝纤维的性能测试

（一）纤维形态结构分析

利用VHX-2000动态分析三维显微镜对PPS基熔融纺丝纤维的表面外观形态进行观察分析。

（二）线密度测试分析

本章按照 GB/T 14343—2008《合成纤维长丝线密度试验方法》对 PPS 基熔融纺丝纤维进行线密度测试，线密度按式（6-1）计算：

$$Tt = G/L \times 10000 \tag{6-1}$$

式中：Tt 为纤维线密度（dtex）；L 为测量纤维的长度（m）；G 为已知长度的纤维质量（g）。

由于本章纺丝装置所用喷丝头的孔为圆形，因此，所制备的纤维截面应为圆形，为更直观地对 PPS 熔融纺丝纤维粗细进行比较，因此，可根据式（6-2）和式（6-3）计算纤维直径：

$$G = \pi \cdot (d/2)^2 \cdot L \cdot \rho \tag{6-2}$$

$$d \approx 11.28\sqrt{Tt/\rho} \tag{6-3}$$

式中：d 为纤维直径（μm）；Tt 为纤维线密度（dtex）；ρ 为纤维密度（g/cm³），PPS 基熔融纺丝复合纤维中层状纳米颗粒的含量很低，对纤维密度的影响可以忽略，所以，此处纤维密度即是 PPS 树脂密度，为 1.34g/cm³。

（三）纤维结晶度测试分析

利用 TA-Q200 差示扫描量热仪对 PPS 基复合熔融纺丝纤维进行结晶度测试，称取 PPS 基复合熔融纺丝纤维 6~10mg 放入铝坩埚中并密封，在 N_2 氛围下（50mL/min）以 10℃/min 的升温速率从 30℃升温至 320℃，取一次升温曲线进行分析。同时根据式（6-4）对 $PPSBM_x$ 和 $PPSBG_x$ 复合熔融纺丝纤维以及纯 PPS 熔融纺丝纤维的相对结晶度（X_c）进行测定：

$$X_c = \frac{\Delta H_m - \Delta H_c}{\Delta H_f \cdot (1 - W_f)} \times 100\% \tag{6-4}$$

式中：ΔH_m 是 PPS 基熔融纺丝纤维的熔融热焓（J/g）；ΔH_c 是 PPS 基熔融纺丝纤维的结晶放热焓（J/g）；ΔH_f 为理想状态下 100% 结晶 PPS 的熔融热焓，为 77.5J/g；W_f 为层状纳米颗粒在 PPS 基熔融纺丝纤维中的质量分数。

（四）纤维拉伸强度测试

利用 PEZ-SX 型拉力试验机对 PPS 基复合熔融纺丝纤维进行拉伸性能测试，夹持距离为 20mm，拉伸速度为 20mm/min，测得断裂强度和断裂伸长率，每种纤维测量 30 次，取平均值。

（五）耐氧化性能测试

配置盐酸/硫酸/硝酸的混合酸溶液（摩尔浓度比为 1∶1∶1），将 PPS 基熔融纺丝纤维放入其中，然后在 90℃下处理 48h，取出洗净晾干，然后测量其拉伸强度和断裂伸长率。

第二节 结果与讨论

一、PPS基熔融纺丝纤维形貌结构分析

PPS基复合熔融纺丝纤维的外观形态如图6-2所示，所有样品均在500倍下拍摄。由图6-2可以观察到，PPS基复合熔融纺丝纤维的表面较为光滑、粗细均匀，没有明显的疵点与粗节，纤维纵向平直没有卷曲，纤维总体外观形貌良好。纯PPS熔融纺丝纤维呈现金黄色透明状，$PPSBM_x$复合熔融纺丝纤维呈现黄棕色且因含有Bz-MMT纤维不再为透明状而呈现半透明状，且随着Bz-MMT含量的提高逐渐变为完全不透明状；$PPSBG_x$复合熔融纺丝纤

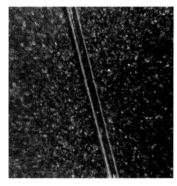

（a）纯PPS熔融纺丝纤维

$PPSBM_{0.5}$ · · · · · · · · · · · · · · · $PPSBM_1$ · · · · · · · · · · · · · · · $PPSBM_3$

（b）$PPSBM_x$熔融纺丝纤维

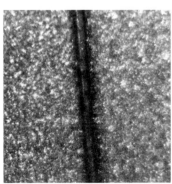
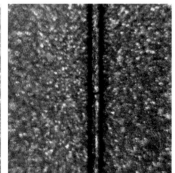

$PPSBG_{0.5}$ · · · · · · · · · · · · · · · $PPSBG_1$ · · · · · · · · · · · · · · · $PPSBG_3$

（c）$PPSBG_x$熔融纺丝纤维

图6-2 PPS基复合熔融纺丝纤维的外观形态图

维呈现黑色，同时在相同的拍摄倍数下，各样品的熔融纺丝纤维直径相近，表明整个纺丝过程较为稳定，牵伸状态也较稳定，未有较大的波动造成纺丝不均。

纯PPS树脂熔融纺丝纤维及PPSBM$_x$和PPSBG$_x$复合熔融纺丝纤维的线密度及纤维直径列在表6-1中，由表可知，纯PPS熔融纺丝纤维和PPS基复合熔融纺丝纤维之间线密度差异不大，因此，纤维直径的差别也较小，这也与动态分析三维显微镜中的观察结果基本一致，表明少量层状纳米颗粒的添加对PPS熔融纺丝性能的影响不大。同时，也可以观察到在相同的拉伸倍数下，PPSBM$_x$复合熔融纺丝纤维的线密度随着Bz-MMT含量的增加而有略微增加的趋势，可能与Bz-MMT含量增加复合材料熔体黏度增加有关，而PPSBG$_x$复合熔融纺丝纤维则没有出现这种变化趋势。PPS基熔融纺丝纤维各个样品之间线密度基本相近，这也利于PPS基复合熔融纺丝纤维之间力学性能比较。

表6-1　PPS基复合熔融纺丝纤维的线密度及纤维直径

样品	Tt/dtex	d/μm
PPS	101.6	98.2
PPSBM$_{0.5}$	104.3	99.5
PPSBM$_1$	114.8	104.4
PPSBM$_3$	123.2	108.2
PPSBG$_{0.5}$	103.5	99.1
PPSBG$_1$	92.5	93.7
PPSBG$_3$	92.8	93.9

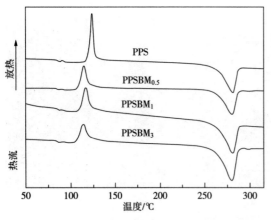

图6-3　纯PPS熔融纺丝纤维以及PPSBM$_x$熔融纺丝纤维的DSC图谱

二、PPS基熔融纺丝纤维结晶度分析

纯PPS树脂熔融纺丝纤维及PPSBM$_x$复合熔融纺丝纤维的DSC图谱如图6-3所示，PPS基熔融纺丝复合纤维的DSC参数纤维玻璃化转变温度（T_g）、结晶峰温度（T_c）、熔融峰温度（T_m）和根据式（6-4）计算得到的纤维结晶度（X_c）列在表6-2中。

由图6-3可以观察到纯PPS熔融纺丝纤维及PPSBM$_x$复合熔融纺丝纤维的DSC曲线上均出现了冷结晶峰，且随着Bz-

MMT含量的增高而逐渐减小，这一现象表明PPS基熔融纺丝纤维在拉伸过程中存在尚未完成结晶的取向分子链和链段，经过拉伸取向而转化为晶体结构的位垒已经降低，分子链和链段可在较低能态下形成结晶，因此，这些分子链和链段在DSC升温过程中受到热的作用再次被激活，继续完成结晶；冷结晶峰峰面积减小表明这些分子链和链段被再次激活继续完成结晶所需的热能随之减少[184]。同时，添加Bz-MMT也使PPSBM$_x$复合熔融纺丝纤维的结晶峰温度降低，结晶峰的温度高低则反映了分子链和链段取向程度大小，结晶峰的温度越低，分子链和链段所处的位置越容易使之结晶，表明分子链和链段的取向度越高，反之表明链段的取向程度越低[185]，因此，Bz-MMT的添加提高了PPS分子链和链段的取向度。

表6-2　纯PPS熔融纺丝纤维以及PPSBM$_x$熔融纺丝纤维的DSC曲线参数

样品	T_g/°C	T_c/°C	T_m/°C	X_c/%
PPS	91.9	123.1	280.7	16.2
PPSBM$_{0.5}$	90.6	114.5	280.4	18.7
PPSBM$_1$	92.3	116.5	280.9	26.4
PPSBM$_3$	92.4	114.0	280.1	31.5

从图6-3和表6-2中还可以观察到，PPS基熔融纺丝纤维的熔融峰温度变化很小，但是，随着Bz-MMT含量的增加，PPSBM$_x$复合熔融纺丝纤维的相对结晶度却随之增大，通过前面第三章的分析已知Bz-MMT的添加起到异相成核剂的作用，加快结晶速率促进结晶。PPS熔融纺丝过程中，PPS熔体从喷丝孔中喷出到牵引至加持辊的整个过程中，PPS大分子链基本上属于无定形状态，结晶较少，进入牵伸区后，PPS大分子链在牵伸力和热能作用下才开始取向排列和结晶。由于自制装置的限制，牵伸倍数较低且加热区较短，PPS大分子链通过受力和加热获得的运动能量较少，因此，纯PPS熔融纺丝纤维的结晶度较低，而Bz-MMT的添加则充当了异相晶核，使PPS大分子链在相同状态下更容易结晶，从而提高了PPSBM$_x$复合熔融纺丝纤维的相对结晶度，Bz-MMT的含量越高，可作为异相晶核的纳米片层越多，因而促进结晶的效果越明显。

纯PPS树脂熔融纺丝纤维及PPSBG$_x$复合熔融纺丝纤维的DSC图谱则如图6-4所示，PPS基熔融纺丝复合纤维的DSC参数则列在表6-3中。由图6-4可以观察PPSBG$_x$复合熔融纺丝纤维的DSC曲线上也出现了冷结晶峰，但随着BGN含量的增高却逐渐增大，且均小于纯PPS熔纺纤维。BGN的添加也明显降低了PPSBG$_x$复合熔融纺丝纤维的冷结晶峰温度，表明BGN的添加也提高了PPS分子链和链段的取向度。与PPSBM$_x$复合熔融纺丝纤维一样，PPSBG$_x$复合熔融纺丝纤维的熔融峰温度变化不大，但随着BGN含量的增加PPSBG$_x$复合熔融纺丝纤维的相对结晶度却随之降低，且都高于纯PPS熔融纺丝纤维，表明添加BGN可以起到异相成核剂的作用，加快结晶速率促进结晶。然而随着BGN含量的提高，由第四章的分析可知，部分BGN会发生团聚且分散的石墨烯片层会形成网络结构，团聚的BGN颗粒粒径较大，难以为结晶提供成核点，并且石墨烯片层形成的网络结构会限制阻碍PPS分子链和链段的运动，从而抑制了结晶，熔融纺丝纤维的相对结晶度降低。

表6-3 纯PPS熔融纺丝纤维以及PPSBG$_x$熔融纺丝纤维的DSC曲线参数

样品	T_g/°C	T_c/°C	T_m/°C	X_c/%
PPS	91.9	123.1	280.7	16.2
PPSBG$_{0.5}$	90.8	115.8	279.7	23.2
PPSBG$_1$	88.3	113.9	280.2	22.9
PPSBG$_3$	90.4	115.7	280.3	22.6

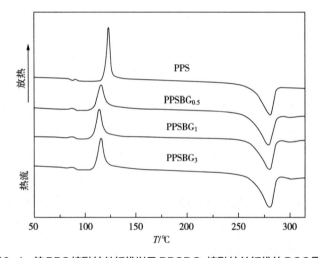

图6-4 纯PPS熔融纺丝纤维以及PPSBG$_x$熔融纺丝纤维的DSC图谱

三、PPS基熔融纺丝纤维拉伸性能分析

采用拉力试验机对PPS基复合熔融纺丝纤维进行力学拉伸性能测试，测量纤维断裂强度和断裂伸长率，研究Bz-MMT和BGN纳米片层对PPS熔融纺丝纤维力学拉伸性能的影响。

（一）PPSBM$_x$复合熔融纺丝纤维的拉伸性能

PPSBM$_x$复合熔融纺丝纤维的拉伸强度和伸长率与Bz-MMT含量关系如图6-5所示，数据列在表6-4中。由图6-5和表6-4可以观察到，PPSBM$_x$复合熔融纺丝纤维的断裂强度随

着Bz-MMT含量的增加而呈现先增大后减小的趋势，断裂伸长率则呈现减小的趋势。纯PPS
树脂熔融纺丝纤维的拉伸强度为4.9cN/dtex，当Bz-MMT含量为1%时，PPSBM$_1$复合熔融
纺丝纤维的断裂强度为5.9cN/dtex，提高了20.1%；纯PPS树脂熔融纺丝纤维断裂伸长率为
430.8%，PPSBM$_1$复合熔融纺丝纤维的断裂伸长率为414.3%，下降了3.8%，下降幅度较小，
对纤维质量的影响可以忽略；当Bz-MMT的含量为3%时，PPSBM$_3$复合熔融纺丝纤维的断裂
强度为5.5cN/dtex，比纯PPS熔融纺丝纤维提高了12.2%，断裂伸长率则降低了10.7%。

　　PPS基熔融纺丝纤维在拉伸断裂过程中受力作用影响较为复杂，PPS熔融纺丝纤维的结
晶性能和分子链的取向构造对其拉伸性能均有重要的影响。由前面的分析可知，Bz-MMT
可在PPS结晶时提供成核点起到异相成核剂的作用，从而提高结晶速率促进结晶并同时提
高了大分子链的取向度，因此，PPSBM$_x$复合熔融纺丝纤维的相对结晶度远高于纯PPS树
脂纤维，所以，较高的结晶度和取向度使PPSBM$_x$复合熔融纺丝纤维的断裂强度显著改善；
但随着Bz-MMT含量的增加，部分Bz-MMT因未完成插层或剥离而造成团聚，同时，高含
量的Bz-MMT代表大量的有机改性剂进入PPS基体，其发生的热降解也会对整个纤维结构
造成影响，从而导致PPSBM$_x$熔融纺丝纤维的断裂强度有所下降。

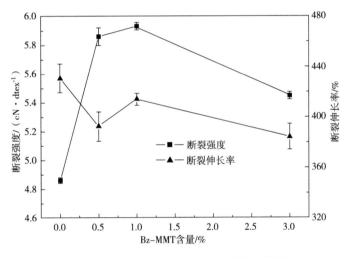

图6-5　PPSBM$_x$复合熔融纺丝纤维的力学性能

表6-4　PPSBM$_x$复合熔融纺丝纤维的拉伸性能指标

样品	Tt/dtex	断裂强度/ （cN·dtex^{-1}）	CV/%	断裂伸长率/%	CV/%
PPS	101.6	4.9	10.9	430.8	13.4
PPSBM$_{0.5}$	104.3	5.8	10.8	392.8	11.3
PPSBM$_1$	114.8	5.9	10.4	414.3	4.6
PPSBM$_3$	123.2	5.5	12.9	384.5	10.6

除此之外，PPS分子链的取向结构和结晶结构也对PPS基熔融纺丝纤维的断裂伸长率产生重要影响。由前面分析已知，Bz–MMT的添加提高了纤维的相对结晶度和取向度，因而熔融纺丝纤维的断裂伸长率降低，无定形区的Bz–MMT纳米片层进一步限制了在拉伸过程中无定形区的大分子链的运动滑移，断裂伸长率因此进一步降低；当Bz–MMT的含量较高时，这两方面作用更为明显，所以，PPSBM$_3$复合熔融纺丝纤维的断裂伸长率下降的幅度较大。同时需要注意的是，当Bz–MMT的含量较高时，PPS基体中的Bz–MMT纳米片层间的距离较近，且易发生团聚造成显微结构缺陷，从而使纤维的拉伸力学性能损失。从表6-4中可以观察到，当Bz–MMT的含量较低时，纤维断裂强度的CV值较小，表明熔融纺丝纤维的均匀性较一致；而当Bz–MMT的含量较高时，纤维断裂强度的CV值变大，表明纤维的均匀一致性变差，熔融纺丝纤维中存在结构缺陷。

综上分析可知，蒙脱土通过Bz有机化改性后，适量的添加可以显著改善PPS熔融纺丝纤维的拉伸强度且能保持断裂伸长率基本不变，当Bz–MMT的含量为1%时，PPSBM$_1$复合熔融纺丝纤维的拉伸强度明显提高，断裂伸长率的损失十分微弱。

（二）PPSBG$_x$复合熔融纺丝纤维的拉伸性能分析

图6-6为PPSBG$_x$复合熔融纺丝纤维的拉伸强度和断裂伸长率与BGN含量的关系图，数据列在表6-5中。由图6-6和表6-5可以观察到，PPSBG$_x$复合熔融纺丝纤维的断裂强度随着BGN含量的增加也呈现先增大后减小的趋势，断裂伸长率也呈现减小的趋势。纯PPS树脂熔融纺丝纤维的拉伸强度为4.9cN/dtex。当BGN的含量为0.5%时，PPSBM$_{0.5}$复合熔融纺丝纤维的断裂强度为6.0cN/dtex，提高了22.4%；纯PPS树脂熔融纺丝纤维断裂伸长率为430.8%，PPSBG$_{0.5}$复合熔融纺丝纤维的断裂伸长率为334.2%，下降了22.4%，存在较大的下降幅度；当Bz–MMT的含量为1%时，PPSBG$_1$复合熔融纺丝纤维的断裂强度为5.5cN/dtex，比纯PPS熔融纺丝纤维提高了13.4%，断裂伸长率则降低了20.9%，与PPSBM$_x$复合熔融纺丝纤维相比，PPSBG$_x$复合熔融纺丝纤维的断裂伸长率的下降幅度较大。

表6-5　PPSBG$_x$复合熔融纺丝纤维的拉伸性能指标

样品	Tt/dtex	断裂强度/（cN·dtex^{-1}）	CV/%	断裂伸长率/%	CV/%
PPS	101.6	4.9	10.9	430.8	13.4
PPSBG$_{0.5}$	103.5	6.0	10.4	334.2	17.9
PPSBG$_1$	92.5	5.5	11.1	358.8	18.7
PPSBM$_3$	92.8	5.4	12.3	340.6	11.2

与PPSBM$_x$复合熔融纺丝纤维一样，PPSBG$_x$复合熔融纺丝纤维的断裂强度也受到纤维结晶度与分子链取向结构的影响。由前面的分析可知，BGN纳米片层也在PPS基体结晶过程中起异相成核剂的作用，当其均为分散在PPS基体中时，其可以加快结晶速率促进结晶，分子链和分子链段的取向度提高，因而PPBG$_x$复合熔融纺丝纤维的断裂强度提高；但是BGN的分散效果差于Bz-MMT，当BGN的含量升高时，BGN会发生团聚，难以提供足够的结晶成核点，造成相对结晶度下降，同时，大量功能化修饰剂的降解会造成PPS熔融纺丝纤维结构缺陷，因此，PPSBG$_x$复合熔融纺丝纤维的拉伸强度开始下降。

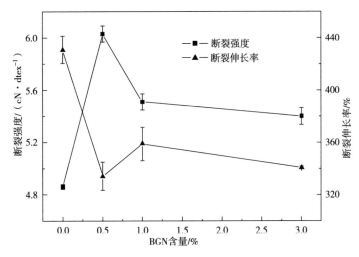

图6-6 PPSBG$_x$复合熔融纺丝纤维的力学性能

BGN对PPS熔融纺丝纤维断裂伸长率变化的影响作用与BZ-MMT纳米片层的影响作用基本一致，BGN纳米片层的添加提高了纤维的结晶度和取向度，加上无定形区中石墨烯片层的限制作用，因而导致纤维断裂伸长率减小，但当BGN含量增高时，部分BGN团聚造成熔融纺丝纤维的相对结晶度降低，也使石墨烯片层的表面积减小，阻隔限制作用减弱，所以，PPSBG$_x$复合熔融纺丝纤维的断裂伸长率有所上升。同时也可以注意到，PPSBG$_x$复合熔融纺丝纤维断裂强度的CV值在BGN含量高时增大，这也表明高BGN含量下，熔融纺丝纤维存在结构缺陷，这与BGN难以在PPS基体中均匀分散有关。

综上分析可知，多层石墨烯片层经过Bz功能化修饰后，适量的添加可以显著改善PPSBG$_x$复合熔融纺丝纤维的拉伸强度，但是，断裂伸长率有一定程度的损失，当Bz-MMT的含量为0.5%时，PPSBG$_{0.5}$复合熔融纺丝纤维的拉伸强度显著提升，但是断裂伸长率的损失较明显。结合PPSBM$_x$复合熔融纺丝纤维的力学性能分析可知，Bz-MMT和BGN的含量及分散状况显著影响熔融纺丝纤维的拉伸力学性能。

四、PPS基熔融纺丝纤维耐氧化性能分析

本章将PPS基熔融纺丝纤维在配制的混合酸溶液中90℃下浸泡处理48h，测量断裂强度保持率来表征PPS基熔融纺丝纤维的耐氧化性能。

（一）PPSBM$_x$复合熔融纺丝纤维的耐氧化性能

本章纺丝制备的PPS基熔融纺丝纤维因自制纺丝设备等因素，拉伸倍数过低且未经过热定型等后处理，从而结晶度较低。在90℃下混合酸热处理过程中，熔融纺丝纤维不仅会发生氧化反应，纤维结晶度等也发生变化，导致熔融纺丝纤维的性能发生改变，因此，纯PPS纤维及PPSBM$_x$熔融纺丝复合纤维也均在90℃下水浴中保持48h，水浴中热处理后的PPS基熔融纺丝纤维的断裂强度和断裂伸长率如图6-7所示。

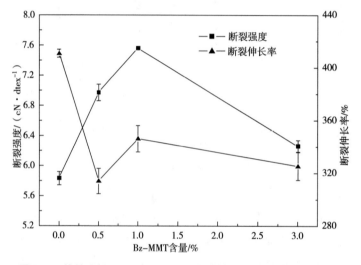

图6-7　热处理后PPS及PPSBM$_x$复合熔融纺丝纤维的力学性能

由图6-7可知，在90℃下水浴中热处理48h后，纯PPS及PPSBM$_x$复合熔融纺丝纤维的力学性能发生了显著变化。纯PPS熔融纺丝纤维断裂强度从4.9cN/dtex提高到5.8cN/dtex，增加了18.4%，PPSBM$_{0.5}$、PPSBM$_1$和PPSBM$_3$复合熔融纺丝纤维断裂强度分别从5.8cN/dtex、5.9cN/dtex、5.5cN/dtex增大为7.0cN/dtex、7.6cN/dtex和6.3cN/dtex，也是分别提高了20.7%、28.8%和14.5%，表明热处理后PPS基熔融纺丝纤维的断裂强度显著提高。这是因为自制的PPS基熔融纺丝纤维在纺丝过程中拉伸倍数较低且未经过热定型后处理，因此，纤维结晶度较低，而经过90℃下热处理后，PPS基熔融纺丝纤维会发生再次结晶从而导致纤维断裂强度提高[9]。纯PPS及PPSBM$_x$复合熔融纺丝纤维的断裂伸长率也发生了显著变化，纯PPS熔融纺丝纤维的断裂伸长率从430.8%减小为410.8%，降低了约4.6%，PPSBM$_{0.5}$、PPSBM$_1$和PPSBM$_3$复合熔融纺丝纤维的断裂伸长率分别从392.8%、414.3%和384.5%减小为313.9%、346.2%和325.3%，也是分别降低了20.1%、16.4%和15.4%，表明经过热处理

后，PPS基熔融纺丝纤维的断裂伸长率减小、韧性变差，这也是因为熔融纺丝纤维结晶度提高导致的[185]。在此热处理的基础上，观察氧化处理后PPS基熔融纺丝纤维的力学性能保持率，图6-8和图6-9为纯PPS熔融纺丝纤维及PPSBM$_x$复合熔融纺丝纤维氧化处理后的断裂强度和断裂伸长率的变化图。

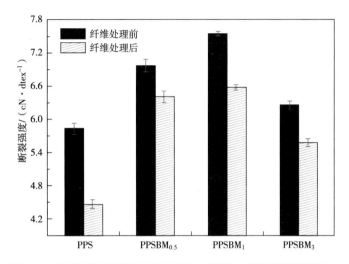

图6-8　氧化处理前后PPS及PPSBM$_x$熔融纺丝纤维的断裂强度变化

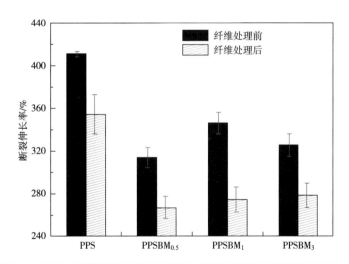

图6-9　氧化处理前后PPS及PPSBM$_x$熔融纺丝纤维的断裂伸长率变化

由图6-8可知，经过氧化处理后，PPS基熔融纺丝纤维的断裂强度都呈现下降的趋势，纯PPS熔融纺丝纤维从5.8cN/dtex减小为4.5cN/dtex，下降了约22.4%，PPSBM$_{0.5}$、PPSBM$_1$和PPSBM$_3$复合熔融纺丝纤维的断裂强度分别从7.0cN/dtex、7.6cN/dtex和6.3cN/dtex减小为6.4cN/dtex、6.6cN/dtex和5.6cN/dtex，分别降低了8.6%、13.2%和11.1%，表明经过氧化处理后，PPSBM$_x$复合熔融纺丝纤维的断裂强度保持率均高于纯PPS熔融纺丝纤维，其断裂强度也均高于纯PPS熔融纺丝纤维，这也表明了PPSBM$_x$复合熔融纺丝纤维的耐氧化性能优于纯PPS熔融纺丝纤维，与第三章的分析相对应，Bz–MMT的添加可有效提高PPS熔融纺丝纤维的耐氧化能力。

由图6-9可以发现，经过氧化处理后，PPS熔融纺丝纤维和PPSBM$_x$复合熔融纺丝纤维的断裂伸长率也都呈现下降趋势，纯PPS熔融纺丝纤维从410.8%减小为354.3%，降低了13.8%，PPSBM$_{0.5}$、PPSBM$_1$和PPSBM$_3$复合熔融纺丝纤维的断裂伸长率分别由313.9%、346.2%和325.3%减小为267.1%、274.2%和278.1%，分别降低了14.9%、20.8%和14.5%，表明经过氧化处理后PPS基熔融纺丝纤维的韧性变差，这与PPS分子链的氧化断裂交联有关。

（二）PPSBG$_x$复合熔融纺丝纤维的耐氧化性能

PPSBG$_x$复合熔融纺丝纤维也均在90℃的水浴中热处理48h，其力学性能也发生了显著变化，水浴中热处理48h后的PPS基熔融纺丝纤维断裂强度和断裂伸长率如图6-10所示。

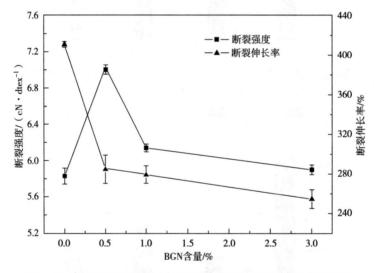

图6-10　热处理后PPS及PPSBG$_x$复合熔融纺丝纤维的力学性能

由图6-10可知，PPSBG$_x$复合熔融纺丝纤维经过水浴热处理后断裂强度和断裂伸长率也发生了显著变化。纯PPS熔融纺丝纤维的断裂强度是从4.9cN/dtex增大到5.8cN/dtex，提高了18.4%，PPSBG$_{0.5}$、PPSBG$_1$和PPSBG$_3$复合熔融纺丝纤维的断裂强度则是分别从6.0cN/dtex、5.5cN/dtex、5.4cN/dtex增大为7.0cN/dtex、6.1cN/dtex和5.9cN/dtex，分别提高了16.7%、10.9%和9.3%，表明热处理后PPSBG$_x$复合熔融纺丝纤维的断裂强度显著提高。这也是因为自制的PPS基熔融纺丝纤维在纺丝过程中拉伸倍数较低且未经过热定型后处理，因此，纤维结晶度较低。经过90℃下热处理后，PPS基熔融纺丝纤维会发生再次结晶，从而导致纤维断裂强度的提高，而PPSBG$_x$复合熔融纺丝纤维的断裂强度的提高程度低于纯PPS熔融纺丝纤维，这可以归为热处理前PPSBG$_x$复合熔融纺丝纤维自身的结晶度较高，且

BGN的均匀分散性能不如Bz-MMT好，热处理后增加的程度有限。纯PPS及PPSBG$_x$复合熔融纺丝纤维的断裂伸长率也发生了显著变化，纯PPS熔融纺丝纤维的断裂伸长率从430.8%减小为410.8%，降低了约4.6%，PPSBG$_{0.5}$、PPSBG$_1$和PPSBG$_3$复合熔融纺丝纤维的断裂伸长率分别从334.2%、358.8%和340.6%减小为284.6%、279.2%和254.4%，分别降低了14.8%、22.1%和25.3%，表明经过热处理后，PPSBG$_x$复合熔融纺丝纤维与PPSBM$_x$复合熔融纺丝纤维一样，断裂伸长率减小、韧性变差，这也是与熔融纺丝纤维结晶度提高有关。在此热处理的基础上，观察氧化处理后PPS基熔融纺丝纤维的力学性能保持率，图6-11和图6-12为纯PPS熔融纺丝纤维及PPSBG$_x$复合熔融纺丝纤维氧化处理后的断裂强度和断裂伸长率的变化图。

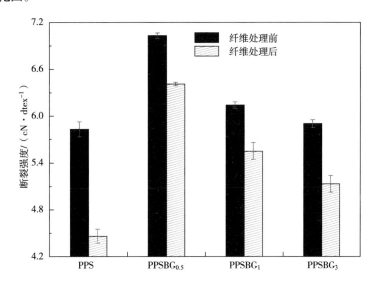

图6-11　氧化处理前后PPS及PPSBG$_x$熔融纺丝纤维的断裂强度变化

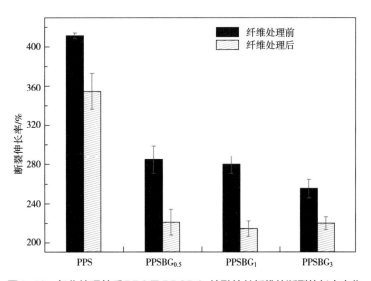

图6-12　氧化处理前后PPS及PPSBG$_x$熔融纺丝纤维的断裂伸长率变化

由图6-11可以发现，PPSBG$_x$复合熔融纺丝纤维经过氧化处理后的断裂强度也呈现下降趋势，纯PPS熔融纺丝纤维是从5.8cN/dtex减小到4.5cN/dtex，下降了22.4%，而PPSBG$_{0.5}$、PPSBG$_1$和PPSBG$_3$复合熔融纺丝纤维的断裂强度则是分别从7.0cN/dtex、6.1cN/dtex和5.9cN/dtex减小到6.4cN/dtex、5.6cN/dtex和5.1cN/dtex，分别降低了8.6%、9.0%和13.6%。这也表明经过氧化处理后的PPSBG$_x$复合熔融纺丝纤维的断裂强度保持率均高于纯PPS熔融纺丝纤维，氧化处理后的PPSBG$_x$复合熔融纺丝纤维的断裂强度也均高于纯PPS熔融纺丝纤维，同时，也表明PPSBG$_x$复合熔融纺丝纤维的耐氧化性能优于纯PPS熔融纺丝纤维，结合第四章的分析表明BGN的添加也可以提高PPS熔融纺丝纤维的耐氧化能力。

由图6-12也可以发现，PPSBG$_x$复合熔融纺丝纤维经过氧化处理后的断裂伸长率也减小、韧性变差，纯PPS熔融纺丝纤维是从410.8%减小到354.3%，下降了13.8%，PPSBG$_{0.5}$、PPSBG$_1$和PPSBG$_3$复合熔融纺丝纤维的断裂伸长率则是分别从284.6%、279.2%和254.4%减小到220.2%、213.7%和219.1%，分别降低了22.6%、23.4%和13.8%，这也是PPS分子链经氧化处理后断裂和交联导致的。

综上分析可知，PPSBM$_x$和PPSBG$_x$复合熔融纺丝纤维经氧化处理后断裂强度保持率均高于纯PPS熔融纺丝纤维，表明添加层状纳米颗粒可有效提高PPS熔融纺丝纤维的耐氧化能力。

本章小结

本章通过熔融纺丝制备了纯PPS，PPSBM$_x$和PPSBG$_x$复合熔融纺丝纤维，并对熔融纺丝纤维的表观形态，结晶性能、拉伸性能及耐氧化性能进行重点研究并得到如下结论：

（1）通过熔融纺丝法利用双螺杆小型混炼机及自制牵伸卷绕装置制备获得PPS基复合熔融纺丝纤维，所制得的熔融纺丝纤维表面较为光滑、无明显疵点与粗节，纵向平直、粗细均匀、纤维直径差异小，纯PPS熔融纺丝纤维呈现透明状金黄色，PPSBM$_x$复合熔融纺丝纤维呈现黄棕色，PPSBG$_x$复合熔融纺丝纤维呈现黑色。

（2）PPS基复合熔融纺丝纤维的相对结晶度的测试分析表明，PPS基熔融纺丝纤维均在DSC曲线上出现冷结晶峰，Bz-MMT的添加起到异相成核剂的作用提高了PPSBM$_x$复合熔融纺丝纤维的相对结晶度，且随着Bz-MMT含量的增加，纤维相对结晶度也逐渐增大，同时Bz-MMT的添加也提高了PPS分子链和链段的取向度；BGN的添加也起到了异相成核剂的作用，提高了PPSBG$_x$复合熔融纺丝纤维的相对结晶度，但随着BGN含量的增高，PPSBG$_x$复合熔融纺丝纤维的相对结晶度则呈现逐渐下降，且添加BGN也能提高PPS分子链和链段的取向度。

（3）PPS基复合熔融纺丝纤维的力学拉伸测试分析表明：①添加Bz–MMT可显著提高PPS基复合熔融纺丝纤维的拉伸性能，随着Bz–MMT含量的增加，PPSBM$_x$复合熔融纺丝纤维的断裂强度呈现先增大后减小的趋势，断裂伸长率呈现下降的趋势，原因是Bz–MMT提高了纤维的相对结晶度和取向度；②添加BGN也可以明显改善PPS基复合熔融纺丝纤维的拉伸性能，PPSBG$_x$复合熔融纺丝纤维的断裂强度随着BGN含量的增加也呈现先增大后减小的趋势，断裂伸长率也呈现减小的趋势，这也与BGN提高了PPSBG$_x$复合熔融纺丝纤维的相对结晶度和取向度有关；Bz–MMT和BGN的含量及分散状况显著影响熔融纺丝纤维的拉伸力学性能。

（4）PPS基复合熔融纺丝纤维的耐氧化性能测试分析表明：①PPS基复合熔融纺丝纤维在90℃水浴中处理48h后，纤维断裂强度得到了显著提升，断裂伸长率不同程度下降，韧性变差，纯PPS熔融纺丝纤维的断裂强度提升了18.4%，可达到5.8cN/dtex，PPSBM$_1$复合熔融纺丝纤维的断裂强度可增大到7.6cN/dtex，PPSBG$_{0.5}$复合熔融纺丝纤维断裂强度可增大到7.0cN/dtex，这与熔融纺丝纤维受热二次结晶相关；②经过氧化处理后，PPS基复合熔融纺丝纤维的力学拉伸性能有不同程度的损失，断裂强度和断裂伸长率均下降，纯PPS熔融纺丝纤维的断裂强度下降了22.4%，减小到4.5cN/dtex，而PPSBM$_x$和PPSBG$_x$复合熔融纺丝纤维的断裂强度保持率均高于纯PPS熔融纺丝纤维，且氧化处理后的断裂强度也均高于纯PPS熔融纺丝纤维，表明PPSBM$_x$和PPSBG$_x$复合熔融纺丝纤维的耐氧化能力优于纯PPS熔融纺丝纤维。

第七章

主要结论与展望

第一节　主要结论

（1）利用阳离子表面活性剂（CTAB）、阴离子表面活性剂（SDBS）及合成的苯并咪唑盐（Bz）三种有机改性剂对 Na-MMT 进行有机改性，成功制备得到层间距大且热稳定性良好的 Bz-MMT。

（2）利用熔融插层法成功制备 PPSBM$_x$ 纳米复合材料，PPSBM$_x$ 纳米复合材料在低 Bz-MMT 含量下形成剥离型结构，在高 Bz-MMT 含量下形成剥离型和插层型的共混结构；添加 Bz-MMT 纳米片层可显著改善 PPS 基体的力学性能；结晶性能测试表明 Bz-MMT 的纳米片层可起到异相成核剂的作用，加快 PPS 结晶速率并提高结晶度，改善结晶完整度；添加 Bz-MMT 还可以显著改善 PPS 热稳定性；PPSBM$_x$ 纳米复合材料经过氧化处理后拉伸强度保持率高于纯 PPS 树脂，同时，添加 Bz-MMT 可在熔融共混加工和氧化处理过程中降低 PPS 的氧化程度，延缓与 O 元素的结合，并可以促进 PPS 基体中亚砜基转变为砜基，形成类聚芳硫醚砜的保护层，提高 PPS 的耐氧化能力。

（3）采用熔融共混法成功制备 PPSBG$_x$ 纳米复合材料，BGN 在 PPS 基体中的分散性差于 Bz-MMT，BGN 在低含量下会形成剥离结构，较高含量下会产生团聚；添加 BGN 可显著提升 PPS 的力学性能；BGN 的纳米片层也起到异相成核剂的作用，可有效加快 PPS 基体的结晶速率并提高结晶度，减少结晶缺陷；同时，添加 BGN 也可以改善 PPS 热稳定性；PPSBG$_x$ 纳米复合材料经过氧化处理后的拉伸强度保持也都高于纯 PPS 树脂的拉伸强度保持率，添加 BGN 也可在熔融共混加工和氧化处理过程中降低 PPS 的氧化程度，降低 PPS 分子链中 S 元素与 O 元素的结合，促进亚砜基向砜基的转变，在 PPS 复合体系表面形成稳定的保护层，提高 PPS 的耐氧化能力。

（4）基于PPSBM$_x$和PPSBG$_x$纳米复合材料的耐氧化性能表征，提出Bz–MMT和BGN层状纳米颗粒对PPS基体的耐氧化机理，一方面，纳米片状颗粒起到异相成核剂的作用，促进结晶，提高结晶完整度，减少结晶缺陷，改善PPS基体对热酸氧的抵御能力；另一方面，纳米层状颗粒可促进PPS基体中亚砜基转变为砜基，形成类聚芳硫醚砜结构，在PPS基体表面形成保护层，延缓氧化速度，进而提高耐氧化能力。

（5）利用熔融共混法成功制备PPS/PVDF共混物，形态结构研究表明PPS相与PVDF相形成"海岛"结构，两者之间的相容性较差；PPS/PVDF共混物的拉伸强度和拉伸模量随着PVDF含量的增加呈现先增大后减小的趋势；添加低含量的PVDF可显著改善PPS基体的热稳定性，添加高含量的PVDF时，PPS/PVDF共混物的热稳定性大幅降低；PPS会促进PVDF的α晶相向β晶相转变，而添加PVDF可以提高PPS的结晶速率并改善PPS的结晶完整度；PPS/PVDF共混物经氧化处理后拉伸强度的保持率高于纯PPS树脂的保持率，添加PVDF树脂可以在熔融共混加工过程中大幅度改善PPS的耐氧化能力，但PPS/PVDF共混物耐热酸氧的效果与PPS/层状纳米颗粒复合材料相比并不显著。

（6）利用小型混炼机及自制牵伸卷绕装置通过熔融纺丝成功制备PPS基复合熔纺纤维，研究表明制备的熔纺纤维表面光滑且纤维直径差异小，同时，PPS基复合熔纺纤维因纳米颗粒种类不同而颜色存在差异；PPS基熔纺纤维的DSC曲线上均存在冷结晶峰，表明纺丝过程中结晶不充分，添加Bz–MMT和BGN均起到异相成核剂的作用，可显著提高PPS基复合熔纺纤维的相对结晶度，还可以提高PPS分子链和链段的取向度，进而改善PPS基复合熔纺纤维的拉伸性能；PPS基复合熔纺纤维经过氧化处理后力学拉伸性能有不同程度的损失，PPSBM$_x$和PPSBG$_x$复合熔纺纤维的断裂强度保持率均高于纯PPS熔纺纤维，且其氧化处理后的断裂强度也均高于纯PPS熔纺纤维，表明PPSBM$_x$和PPSBG$_x$复合熔纺纤维的耐氧化能力优于纯PPS熔纺纤维。

第二节　展望

（1）制备插层修饰的石墨烯，扩大石墨烯片层之间的层间距，利于PPS分子链插层从而改善石墨烯片层的分散性能。

（2）进一步增加层状纳米颗粒的种类，并通过对制备的复合材料的耐氧化性能的研究对先前提出的理论猜想进行扩充和修正。

（3）对PVDF进行改性以提高其与PPS基体的相容性。

（4）进一步优化纺丝工艺及设备，改善制备的PPS基纳米复合材料的结构性能在熔纺纤维上的表现。

参考文献

[1] 王一帆,钱晓明.气体过滤用纤维材料的设计与选用 [J].化纤与纺织技术,2016,45(4):22-26.

[2] ZHANG R, LIU C, HSU P C, et al. Nanofiber gas filters with high-temperature stability for efficient $PM_{2.5}$ removal from the pollution sources [J]. Nanoletters, 2016, 16(6):3642-3649.

[3] KAREN S, STEFAN A, NATHALIE L. Polyphenylene sulfide(PPS)composites reinforced with recyled carbon fiber [J]. Composite Science and Technology, 2013, 84(29):65-71.

[4] GOYAL R K, KAMBALE K R, NENE S S. Fabrication, thermal and electrical properties of polyphenylene sulphide/copper composites [J]. Materials Chemistry and Physics, 2011, 128(S1-2):114-120.

[5] 黄旭.玻璃纤维/聚苯硫醚纤维复合烟气除尘滤料制备 [J].山东纺织科技,2016(6):14-16.

[6] YYLMAZ T, TAMEGR S. Investigation of load bearing performances of pin connected carbon/ polyphenylene sulfide composites under static loading conditions [J]. Materials and Design, 2007, 28(2):520-527.

[7] LIU Q, LUO W, CHEN Y, et al. Enhanced mechanical and thermal properties of CTAB-functionalized graphene oxide-polyphenylene sulfide composites [J]. High Performance Polymers, 2017, 29(8):889-898.

[8] FERRARA J A, SEFERIS J C, SHEPPARD C. Dual-mechanism kinetics of polyphenylene sulfide(PPS) melt-crystallization [J]. Journal of Thermal Analysis, 1994, 42(2):467-484.

[9] DOUGLAS M A. Dry synthesis of aromatic sulfides:Phenylene sulfide resins [J]. Journal of Organic Chemistry, 1948, 13(1):154-159.

[10] LENZ R W, HANDLOVITS C E. Phenylene sulfide polymers Ⅲ. The synthsis of linear polyphenylene sulfide [J]. Journal of Polymer Science, 1962, 58(166):351-367.

[11] EDMONDS J T, HILL H W. Production of polymers from aromatic compound [P].US:3354129, 1967-11-27.

[12] 杨杰.聚苯硫醚树脂及其应用 [M].北京:化学工业出版社,2006:12-19.

[13] 娄可宾,沈恒银,杜柳柳.燃煤锅炉用高温滤料研究与应用 [J].工业安全与环保,2007,33(4):16-19.

[14] 许明珠. 高温烟气过滤除尘用合成纤维性能的实验研究 [D]. 上海：东华大学，2008.

[15] 李熙，靳双林. PPS 纤维及其在袋式除尘领域的应用 [J]. 产业用纺织品，2007，25(4)：1-4.

[16] 田菁，王新营，崔晓玲，等. 超支化聚苯硫醚的合成和应用 [J]. 高分子材料科学与工程，2008，24(3)：122-124.

[17] MITSUTOSHI J, ZHENG H, KAKIMOTO M A, et al.Synthesis of hyperbranched poly(phenylene sulfide) via a poly(sulfonium cation)precursor [J]. Macromolecules, 1996, 29(3)：1062-1064.

[18] NABIL A, LUTZ D, CHRISTINE B K. Low-pressure plasma pretreatment of polyphenylene sulfide(PPS) surfaces for adhesive bonding [J].International Journal of Adhesion and Adhesives. 2007, 28(2)：16-22

[19] XIA L G, LI A J, WANG W Q, et al. Effects of resin content and preparing conditions on the properties of polyphenylene sulfide resin/graphite composite for bipolar plate [J]. Journal of Power Sources, 2008, 178(1)：363-367.

[20] YU S, WONG W M, HU X, et al. The characteristics of carbon nanotube-reinforced poly(phenylene sulfide) nanocomposites [J]. Journal of Applied Polymer Science, 2009, 113(06)：3477-3483.

[21] SERGEEV V A, SHITKOV K. Effect of heat treatment on some physic-co-chemical properties of PPS [J]. Vysokomol Soedin Ser A, 1977, 19(6)：1289-1291.

[22] SERGEEV V A, SHITKOV K. High-temperature cross-linking of PPS in air [J].Vysokomol Soedin Ser B, 1977, 19(5)：396-401.

[23] HAWKINS R T. Chemistry of the cure of poly(ρ-phenylene sulfide)[J]. Macromolecules, 1975, 9(2)：189-194.

[24] BLACK R M, LIST C F, WELLS R J. Thermal stability of ρ-phenylene sulphide polymer [J]. Journal of Applied Chemistry, 1967, 17(10)：269-275.

[25] PARK M, LEE K H, CHOE C R, et al. A thermoanalytical study on solidstate cure of poly(ρ-phenylene sulfide)[J]. Polymer Engineering &Science, 1994, 34(2)：81-85.

[26] GIES A P, GEIBEL J F, HERCULES D M. MALDI-TOF MS Study of poly(ρ-phenylene sulfide) [J]. Macromolecules, 2009, 43(2)：943-951.

[27] 何国仁，曾汉民，胡江滨，等. 不同氧化处理的聚苯硫醚结构和性能 [J]. 高分子材料科学与工程，1986，(6)：18-23.

[28] 周宇，李振环，程博闻. 聚苯硫醚热氧化处理研究 [J]. 合成纤维工业，2011，34(1)：46-48.

[29] 段涛，唐永健. 热交联处理对聚苯硫醚结晶行为的影响 [J]. 材料科学与工艺，2010，18(3)：434-437.

[30] 谭世语，古昌红. 聚苯硫醚交联反应机理的量子化学计算研究 [J]. 重庆大学学报(自然科学版)，1999，22(1)：106-111.

[31] 吕亚非，李瑞珊，何一飞. 热氧化处理聚苯硫醚的结构表征 [J]. 高分子材料科学与工程，1990，(5)：16.

[32] 张统，王新华. 复合材料高性能热塑性树脂—PPS 的结构与性能 [J]. 化工新型材料，1996，24(2)：13-17.

[33] OSAWA Z, KURODA S, KOBAYASHI S, et al.Photodegradation mechanisms of poly(p-phenylene sulfide) and its model compounds [J]. Polymer Durability：Degradation, Stabilization, and Lifetime prediction, 1993：127-138.

[34] DAS P K, DESLAYRIERS P J, FAHEY D R. Photodegradation and photostabilization of poly(p-phenylene sulfide). I. laser flash-photolysis studies of model compounds [J]. Macromolecules, 1993, 36(19)：5024-5029.

[35] DAS P K, DESLAYRIERS P J, FAHEY D R. Photodegradation and photostabilization of poly(p-phenylene sulfide).II.UV induced physicochemical changes[J]. Polymer Degradation and Stability.1995, 48(1)：11-23.

[36] 杜宗英. 用傅里叶变换红外光谱研究聚苯硫醚(PPS)热处理过程中发生的反应和变化 [J]. 四川大学学报(自然科学版),1987,24(1)：111-115.

[37] 陈亮,马富九. 热解红外光谱法在聚苯硫醚定性分析中的应用 [J]. 浙江化工,2000,31(2)：47-48.

[38] 古昌红,谭世语,周志明. 热交联聚苯硫醚的红外光谱研究 [J]. 渝州大学学报,1998,15(2)：64-67.

[39] 李文刚,路海冰,黄标,等. 热处理聚苯硫醚的红外光谱分析 [J]. 合成纤维工业,2012,35(2)：71-73.

[40] 李慧,刁永发,张延青. PPS 过滤纤维热动力学特性及其失效性能 [J]. 东华大学学报(自然科学版),2012,38(2)：134-138.

[41] WIN Y T, MITSUHIKO H, KOHHEI N, et al. Mechanical degradation of filter polymer materials：polyphenylene sulfide [J]. Polymer Degradation and Stability, 2006, 91(11)：3614-3621.

[42] WIN Y T, MASAM F, KOHHEI N, et al. Degradation of semi-crystalline PPS bag-filter materials by NO and O$_2$ at high temperatured [J]. Polymer Degradation and Stability, 2006, 91(8)：1637-1644.

[43] 郑奎照. 燃煤烟气对 PPS 滤料影响及其对策 [J]. 化学工程与装备,2013,(9)：211-216.

[44] WANG H C, JIANG D H, LIU Y. Life problem analysis on PPS filter application of bag dedusters in coal-fired power plant[J].Advanced Materials Research, 2011, 236-238：2464-2470.

[45] SUGAMA T. Antioxidants for retarding hydrothermal oxidation of polyphenylenesulfide coating in geothermal environments [J]. Materials Letters, 2000, 43(4)：4282-4290.

[46] NAM J D, KIM J, LEE S, et al. Morphology and thermal properties of PPS/ABS blend systems [J]. Journal of Applied Polymer Science, 2003, 87(4)：661-665.

[47] 祝万山,祝成振. 一种抗氧聚苯硫醚纤维的制造方法 [P]. 中国：CN1962973A. 2007-05-16.

[48] LIU T, CHEN Y, YAN B, et al. Study on photo stability of blending modified polyphenylene sulfide fiber [J]. China Synthetic Fiber Industry, 2008, 31(3)：8-11.

[49] 侯庆华,杨新华,邓佶,等. 一种耐氧化增强增韧聚苯硫醚单丝及其制备方法 [P]. 中国：CN102560734. 2012-07-11.

[50] WAN J X, QIN Y F, LI S B, et al. Studies on preparation and characterization of anti-oxidizing polyphenylene sulfide [J]. Advanced Materials Research, 2011, 332-334：1045-1048.

[51] SUGAMA T. Polyphenylene sulfide/montomorillonite clay nanocomposite coatings：their efficacy in

protecting steel against corrosion [J]. Materials Letters, 2006, 60(21–22) : 2700–2706.

[52] SUGAMA T, Gawlik K. Self–repairing poly(phenylene sulfide)coatings in hydrothermal environments at 200℃ [J]. Materials Letters, 2003, 57(26–27) : 4282–4290.

[53] SHENG X Q, ZHANG R P, NIU M, et al. Preparation of SiO₂/PPS fiber and study of its heat–resistant properties [J]. Advanced Materials Research, 2011, 287–290 : 2590–2597.

[54] 王升, 刘鹏清, 朱墨, 等. 炭黑改性聚苯硫醚纤维性能研究 [J]. 合成纤维工业, 2010, (33) : 5–8.

[55] 祝万山, 祝成振, 赵玉萍. 抗氧聚苯硫醚(PPS)纤维的研究与开发 [J]. 非织造布, 2007, 15(6) : 28–30.

[56] ZHANG X Z, ZHANG K, ZHOU Z, et al. Praparation of radiation–resistant high–performance polyphenylene sulfide fibers with improved processing [J]. Procedia Engineering, 2012, 27 : 1354–1358.

[57] 陈新拓, 李炎, 张志刚, 等. 一种表面涂覆抗氧聚苯硫醚纤维的制备方法 [P]. 中国: CN102560718, 2012–07–11.

[58] 余琴, 邓炳耀, 刘庆生, 等. 纳米 SiO₂/PTFE 乳液整理对聚苯硫醚滤料性能的影响 [J]. 纺织学报, 2013, 34(11) : 77–81.

[59] ZHOU D J, DAI L B, NI H, et al. Preparation and characterization of polyphenylene sulfide–based chelating fibers [J]. Chinese Chemical Letters, 2014, 25(2) : 221–225.

[60] GARRELL M G, MA B M, SHIH A J, et al. Mechanical properties of polyphenylene–sulfide(PPS)bonded Nd–Fe–B permanent magnets [J]. Materials science and Engineering A, 2003, 359(1–2) : 375–383.

[61] DENG S, CAO L, LIN Z, et al. Nanodiamond as an effect nucleating agent for polyphenylene sulfide [J]. Thermochimica Acta, 2014, 584(5) : 51–57.

[62] WU D, WU L, ZHOU W, et al. Study on physical properties of multiwalled carbon nanotube/ poly (phenylene sulfide) composites [J], 2009, 49(9) : 1727–1735.

[63] SCHWARTZ C J, BAHADUR S. Studies on the tribological behavior and transfer film–counterface bond strength for polyphenylene sulfide filled with nanoscale alumina particles [J]. Wear, 2000, 237(2) : 261–273.

[64] SUN Z M, PARK Y, ZHENG S L, et al. XRD, TEM and thermal analysis of Arizona Ca–montmorillonites modified with didodecyldimethylammonium bromide [J]. Journal of Colloid and Interface Science, 2013, 408(48) : 75–81.

[65] SUN Z M, PARK Y, ZHENG S L, et al.Thermal stability and hot–stage Raman spectroscopic study of Ca–montmorillonite modified with different surfactants: a comparative study [J].Thermochimica Acta, 2013, 569(18) : 151–160.

[66] HE H P, FROST R L, BOSTROM T, et al. Changes in the morphology of organoclays with HDTMA⁺ surfactant loading [J]. Applied Clay Science, 2006, 31(3–4) : 262–271.

[67] YU W H, REN Q Q, TONG D S, et al. Clean production of CTAB–montmorillonite: formation mechanism and swelling behavior in xylene [J]. Applied Clay Science, 2014, s97–98(8) : 222–234.

[68] ZOU H, XU W, ZHANG Q, et al. Effect of alkylammonium salt on the dispersion and properties of poly (ρ-phenylene sulfide)/clay nanocomposites via melt intercalation [J]. Journal of Applied Polymer Science, 2006, 99(4):1724-1731.

[69] FATIMAH I, HUDA T. Preparation of cetyltrimethylammonium intercalated Indonesian montmorillonite for adsorption of toluene [J]. Applied Clay Science, 2013, 74(4):115-120.

[70] XI Y F, FROST R L, HE H P, et al. Modification of Wyoming montmorillonite surfaces using a cationic surfactant [J]. Langmuir, 2005, 21(19):8675-8680.

[71] XI Y F, FROST R L, HE H P. Modification of the surface of Wyoming montmorillonite by the cationic surfactants alkyl trimethyl, dialkyl dimethyl, and trialkylmethyl ammonium bromides [J]. Journal of Colloid and Interfce Science, 2007, 305(1):150-158.

[72] SARIER N, ONDER E, ERSOY S. The modification of Na-montmorillonite by salts of fatty acids: an easy intercalation process [J]. Colloids and Surfaces A: Physicochemical and Engineering Aspects, 2010, 371 (1-3):40-49.

[73] AHMET G, TUREGAY S, YUNUS O, et al. Prepartion and phenol captivation properties of polyvinylpyrolidone/montmorillonite hybrid materials [J]. Journal of Applied Polymer Science, 2001, 81(2):512-519.

[74] PATEL H A, SOMANI R S, BAJAJ H C, et al. Preparation and characterization of phosphonium montmorillonite with enhanced thermal stability [J]. Applied Clay Science, 2007, 35(3-4):194-200.

[75] MITTAL V. Modification of montmorillonite with thermally stable phosphonium cations and comparison with alkylammonuium montmorillonites [J]. Applied Clay Science, 2012, 56(56):103-109.

[76] GU A J, KUO S W, CHANG F C. Syntheses and properties of PI/Clay hybrids [J]. Journal of Applied Polymer Science, 2001, 79(10):1902-1910.

[77] GILMAN J W, AWAD W H, DAVIS R D, et al. Polymer/layered silicate nanocomposites from thermally stable trialkylimidazolium-treated montmorillonite [J]. Chemistry of Materials, 2002, 14(9):3776-3785.

[78] ZHU J, UHI F M, MORGAN A B, et al. Studies on the mechanism by which the formation of nanocomposites enhances thermal stability [J]. Chemistry of Materials, 2001, 13(12):4649-4654.

[79] COSTACHE M C, HEIDECKER M J, MANIAS E, et al. Benzimidazolium surfactants for modification of clays for use with styrenic polymers [J]. Polymer Degradation and Stability, 2007, 92(10):1753-1762.

[80] ACHABY MEI, ENNAJIH H, ARRAKHIZ F Z, et al. Modification of montmorillonite by novel geminal benzimidazolium surfactant and its use for the preparation of polymer organoclay nanocomposite [J]. Composites: Part B Engineering, 2013, 51(51):310-317.

[81] VAIA R A, GIANNELIS E P. Lattice model of polymer melt intercalation in organically-modified layered silicates [J]. Macromolecules, 1997, 30(25):7990-7999.

[82] VAIA R A, GIANNELIS E P. Polymer melt intercalation in organically-modified layered silicates: model predictions and experiment [J]. Macromolecules, 1997, 30(25):8000-8009.

[83] ALEXANDRE M, DUBOIS P. Polymer-layered silicate nanocomposites: preparation, properties and uses of a new class of materials [J]. Materials Science and Engineering, 2000, 28(1-2): 1-63.

[84] PAVLIDOU S, PAPASPYRIDES C D. A review on polymer-layered silicate nanocomposites [J]. Progress in Polymer Science, 2008, 33(12): 1119-1198.

[85] UNUABONAH E I, TAUBERT A. Clay-polymer nanocomposites(CPNs): adsorbents of the future for water treatment [J]. Applied Clay Science, 2014(99): 83-92.

[86] RAY S S, OKAMOTO M. Polymer/layered silicate nanocomposites: a review from preparation to processing [J]. Progress in Polymer Science, 2003, 28(11): 1539-1641

[87] FORNES T D, YOON P J, KESKKULA H, et al. Nylon 6 nanocomposites: the effect of matrix molecular weight [J]. Polymer, 2002, 42(25): 9929-9940.

[88] FORNES T D, YOON P J, PAUL D R. Polymer matrix degradation and color formation in melt processed nylon 6/clay nanocomposites [J]. Polymer, 2003, 44(24): 7545-7556.

[89] CAI G P, FENG J X, ZHU J, et al. Polystyrene-and poly(methacrylate)-organoclay nanocomposites using a one-chain benzimidazolium surfactant [J]. Polymer Degradation and Stability, 2014, 99(1): 204-210.

[90] YANG Y Q, DUAN H J, ZHANG S Y, et al. Morphology control of nanofillers in poly(phenylene sulfide): a novel method to realize the exfoliation of nanoclay by SiO_2 via melt shear flow [J]. Composites Science and Technology, 2013, 75(2): 28-34.

[91] 赵焱. 聚醚醚酮(PEEK)/有机化蒙脱土(OMMT)复合材料的制备机器性能研究 [D]. 吉林:吉林大学, 2009.

[92] NOVOSELOV K S, GEIM A K, MOROZOV S V, et al. Electric field effect in atomically thin carbon films [J]. Science, 2004, 306(5696): 666-669.

[93] MERYL D S, PARK S J, ZHU Y W, et al. Graphene-based ultracapacitors [J]. Nanoletters, 2008, 8(10): 3498-3502.

[94] LEE C G, WEI X D, KYSAR J W, et al. Measurement of the elastic properties and intrinsic strength of monolayer graphene [J]. Science, 2008, 321(5887): 385-388.

[95] NAIR R R, BLAKE P, GRIGORENKO A N, et al. Fine structure constant defines visual transparency of graphene[J]. Science, 2008, 320(5881): 1308-1308.

[96] BALANDIN A A, GHOSH S, BAO W Z, et al. Superior thermal conductivity of single-layer graphene [J]. Nanoletters, 2008, 8(3): 902-907.

[97] STANKOVICH S, DIKIN D A, DOMMETT G H B, et al. Graphene-based composite materials [J]. Nature, 2006, 442(7100): 282-286.

[98] STANKOVICH S, PINTER R D, NGUYEN S B T, et al.Synthesis and exfoliation of isocyanate-treated graphene oxide nanoplatelets [J]. Carbon, 2006, 44(15): 3342-3347.

[99] 张培培. 聚酰胺6纳米纤维及石墨烯复合材料的制备和结构性能研究 [D]. 上海:东华大学, 2013.

[100] ZHAO Y F, XIAO M, WANG S J, et al. Preparation and properties of electrically conductive PPS/ expanded graphite nanocomposites [J]. Composites Science and Technology, 2007, 67(11–12):2528– 2534.

[101] ZHANG M L, WANG H X, LI Z H, et al. Exfoliated graphite as a filler to improve poly(phenylene sulfide) electrical conductivity and mechanical properties [J]. RSC Advances, 2015, 5(18):13840–13849.

[102] CHAE B J, KIM D H, JEONG I S, et al. Electrical and thermal properties of poly(phenylene sulfide) reduced craphite oxide nanocomposites [J]. Carbon Letters, 2012, 13(4):105–109.

[103] GU J W, XIE C, LI H L, et al. Thermal percolation behavior of graphene nanoplatelets/polyphenylene sulfide thermal conductivity composites [J]. Polymer Composites, 2014, 35(6):1087–1092.

[104] DENG S L, LIN Z D, XU B F, et al. Isothermal crystallization kinetics, morphology, and thermal conductivity of graphene nanoplatelets/ polyphenylene sulfide composites [J]. Journal of thermal Analysis and Calorimetry, 2014, 118(1):197–203.

[105] 顾军渭, 杜俊杰, 赵若曦, 等. 石墨烯微片 / 聚苯硫醚导热复合材料的制备与性能研究 [J]. 中国科技 论文在线, 2014, http://www.paper.edu.cn.

[106] MASAMOTO J, KUBO K.Elastomer–toughened poly(phenylene sulfide)[J]. Polymer Engineering and Science, 1996, 36(2):265–270.

[107] HORIUCHI S, ISHII Y. Poly(phenylene sulfide)and low–density polyphenylene reactive blends: morphology, tribology, and moldability [J]. Polymer Journal, 2000, 32(4):555–559.

[108] QUAN H, ZHONG G.J. Morphology and mechanical properties of poly(phenylene sulfide)/isotactic polypropylene in situ microfibrillar blends [J]. Polymer Engineering and Science, 2005, 45(9):1303–1311.

[109] HWANG S H, KIM M J, JUNG J C, et al. Mechanical and thermal properties of syndiotactic polystyrene blends with poly(phenylene sulfide)[J]. European Polymer Journal, 2002, 38(9):1881–1885.

[110] CHEN Z B, LI T S, YANG Y L, et al. Mechanical and tribological properties of PA/PPS blends [J]. Wear, 2004, 257(7–8):696–707.

[111] LIANG J Z.Heat distortion temperature of PPS/PC blend, PPS/PC nanocomposites and PPS/PC/GF nanocomposite [J]. Journal of Polymer Engineering, 2013, 33(6):483–488.

[112] DENG S L, LIN Z D, CAO L, et al. PPS/recycled PEEK/carbon nanotube composites: structure, properties and compatibility [J]. Journal of Applied Polymer Science, 2015, 132(35):42497.

[113] KUBO K, MASAMOTO J. Dispersion of poly(phcnylene ether) in a poly(phenylene sulfide)/poly(phenylene ether) alloy [J]. Macromolecular Materialsand Engineering, 2001, 286:555–559.

[114] WANG H, ZHAO J, ZHU Y, et al. The fabrication, nano/micro–structure, heat–andwear–resistance of the superhydrophobic PPS/PTFE composite coatings [J]. Journal of Colloid and Interface Science, 2012, 402 (14):253–258.

[115] BUCKLEY J, CEBE P, CHERDACK D, et al. Nanocomposites of poly(vinylidene fluoride) with organically

modified silicate [J]. Polymer, 2005, 47(7) : 2411–2422.

[116] PATRO T U, MHALGI M V, KHAKHAR D V, et al. Studies on poly(vinylidene fluoride)–clay nanocomposites: effect of different clay modifiers [J]. Polymer, 2008, 49(16) : 3486–3499.

[117] DILLON D R, TENNETI K K, LI C Y, et al. On the structure and morphology of polyvinylidene fluoride-nanoclay nanocomposites [J]. Polymer, 2006, 47(5) : 1678–1688.

[118] LI H Y, KIM H. Thermal degradation and kinetic analysis of PVDF/modified MMT nanocomposite membranes [J]. Desalination, 2008, 234(1) : 9–15.

[119] 刘一凡,朱伟伟,方敏. 聚偏氟乙烯树脂的合成及改性 [J]. 化工生产与技术,2013,20(1) : 6–9.

[120] KAR G P, BISWAS S, BOSE S. X–ray micro computed tomography, segmental relaxation and crystallization kinetics in interfacial stabilized co–continuous immiscible PVDF/ABSblends [J]. Polymer, 2016, 101: 291– 304.

[121] XING J, DENG B Y, LIU Q S. Preparation and thermal properties of polyphenylene sulfie/organic montmorillonite composites [J]. Fibers and Polymers, 2014, 15(8) : 1685–1693.

[122] 封禄田,赫秀娟,石照信,等. 利用十二烷基苯磺酸盐制备有机蒙脱土 [J]. 应用化工,2011,28: 98–101.

[123] XING J, DENG B Y, LIU Q S.Effect of benzimidazolium salt on dispersion and properties of polyphenylene sulfide/organic clay nanocomposites via melt intercalation [J]. Fibers and Polymers, 2015, 16(6) : 1220–1229.

[124] JIA Y C, YU K J, QIAN K. Facile approach to prepare multi–walled carbon nanotubes/graphene nanoplatelets hybrid materials [J]. Nanoscale Research Letters, 2013, (8) : 243–248.

[125] 柯以侃,董慧茹. 分析化学手册(第三分册)光谱分析 [M]. 北京:化学工业出版社,1998.940–981.

[126] ABDALLAH W, YILMAZER U. Novel thermally stable organomontmorillonites from phosphonium and imidazolium surfactants [J]. Thermochimica Acta, 2011, 525(1–2) : 129–140.

[127] LIVI S, RUMEAU J D, PHAM T N, et al. A comparative study on different ionic liquids as surfactants; effect on thermal and mechanical properties of high–density polyethylene nanocomposites [J]. Journal of Colloid and Interface Science, 2010, 349(1) : 424–433.

[128] LU L F, GAO M L, GU Z, et al. A comparative study and evaluation of sulfamethoxazole adsorption onto organo–montmorillonites [J]. Journal of Environmental Sciences, 2014, 26(12) : 2535–2545.

[129] ZHU J X, QING Y H, WANG T, et al. Preparation and characterization of zwitterionic surfactant–modified montmorillonites [J]. Journal of Colloid and Interface Science, 2011, 360: 386–392.

[130] WANG B W, YIN Y C, LIU C J, et al. Synthesis and characterization of clay/polyaniline nanofiber hybrids [J]. Jounal of Applied Polymer Science, 2013, 128: 1304–1312.

[131] WANG B W, ZHOU M, ROZYNEK Z et al. Electrorheological properties of organically modified nanolayered laponite: influence of intercalation, adsorption and wettability [J]. Journal of Material Chemistry, 2009, 19: 1816–1828.

[132] 吴俊青,俞科静,钱坤. 不同比例碳纳米管 / 石墨烯杂化材料的制备及性能 [J]. 功能材料,2015,16

(46) :15001–15005.

[133] 郑余晨, 俞科静, 钱坤, 等. 碳纳米管 / 酸化石墨烯杂化材料及其环氧树脂复合材料拉伸力学性能的研究 [J]. 玻璃钢 / 复合材料, 2013, (2) :69–73.

[134] LI J N, YU K J, QIAN K, et al. The situ preparation of silica nanoparticles on the surface of functionalized graphene nanoplatelets [J]. Nanoscale Research Letters, 2014, 9(1) :172–180.

[135] LI J N, YU K J, QIAN K, et al. One–step synthesis of graphene nanoplatelets/SiO_2 hybrid materials with excellent toughening performance [J]. Polymer Composites, 2015, 36(5) :907–912.

[136] WU J Q, YU K J, QIAN Ku, et al. One step fabrication of multi–walled carbon nanotubes/graphene nanoplatelets hybrid materials with excellent mechanical property [J]. Fibers and Polymers, 2015, 16(7) : 1540–1546.

[137] 邹浩. 纳米颗粒改性聚苯硫醚及其共混物的形态结构与性能研究 [D]. 成都：四川大学, 2006.

[138] ZHU S P, CHEN J Y, LI H L, et al. Effect of polymer matrix/montmorillonite compatibility on morphology and melt rheology of polypropylene nanocomposites [J]. Journal of Applied Polymer Science, 2013, 128(6): 3876–3884.

[139] WU D F, ZHOU C X, XIE F, et al. Study on the rheological behaviour of poly(buthylene terephthalate)/ montmorillonite nanocomposites [J]. European Polymer Journal, 2005, 41(9) :2199–2207.

[140] SUNG Y T, HAN M S, SONG K H, et al. Rheological and electrical properties of polycarbonate/multi–walled carbon nanotube composites [J].Polymer, 2006, 47(12) :4434–4439.

[141] YUAN Q, AWATE S, MISRA R D K. Nonisothermal crystallization behavior of polypropylene–clay nanocomposites [J]. European Polymer Journal, 2006;42(9) :1994–2003.

[142] 马百钧, 黄宝奎, 王孝军, 等. 聚苯硫醚 / 多壁碳纳米管复合材料非等温结晶研究 [J]. 塑料工业, 2010, 38(4) :48–50.

[143] LIU Q S, DENG B Y, TUNG C H, et al. Nonisothermal crystallization kinetics of poly(ε–caprolactone) blocks in double crystalline triblock copolymers contaning poly(3–hydroxy–butyrate–co–3–hydroxyvalerate) and poly(ε–caprolactone)units [J]. Journal of Polymer Science Part B Polymer Physics, 2010, 48(21) :2288–2295.

[144] MOHAMED S A A, GAMAL R S, HALA F N. Non–isothermal crystallization kinetics of poly (3–hydroxybutyrate)in copoly(ester–urethane)nanocomposites based on poly(3–hydroxybutyrate)and cloisite30B [J]. Thermochim Acta, 2015, 605:52–62.

[145] DESHMUKH G S, PESHWE D R, PATHAK S U, et al. Nonisothermal crystallization kinetics and melting behavior of poly(butylene terephthalate) and calcium carbonate nanocomposites [J]. Thermochim Acta, 2015, 606:66–76.

[146] DESI G P, REBENFELD L. Crystallization of fiber–reinforced poly(phenylene sulfide)composites Ⅱ: modeling the crystallization kinetics [J]. Journal of Applied Polymer Science, 1992, 45(11) :2005–2020.

[147] COLLINS G L, MENCZEL J D. Thermal analysis of poly(phenylene sulfide) II : non–isothermal crystallization [J]. Polymer Engineering and Science, 1992, 32(17) : 1270–1277.

[148] Y Ke TY, SUN X Z. Melting behavior and crystallization kinetics of starch and poly(lactic acid)composites [J]. Journal of Applied Polymer Science, 2003, 89(5) : 1203–1210.

[149] ZHANG Y, DENG B Y, LIU Q S, et al. Noisothermal crystallization kinetics of poly(lactic acid)/nonosilica composites [J]. Journal of Macromolecular Science Part B, 2013, 52(2) : 334–343.

[150] XIE W, GAO Z, PAN W P. Thermal degradation chemistry of alkyl quaternary ammonium montmorillonite [J]. Chemistry of Materials, 2001, 13(9) : 2979–2990.

[151] QIN H, ZHANG S, ZHAO C. The influence of interlayer cations on the photo–oxidative degradation of polyethylene/montmorillonite composites [J]. Journal of Polymer Science Part B Polymer Physics, 2004, 42 (16) : 3006–3012.

[152] USUKI A, HASEGAWA N, KATO M, et al. Polymer–clay nanocomposies [J]. Inorganic Polymeric Nanocomposites and Membranes, 2005(179) : 135–195.

[153] LESWZYNSKA A, NJUGUMNA J, PIELICHOWSKI K, et al. Polymer/montmorillonite nanocomposites with improved thermal properties (Part II) : thermal stability of montmorillonite nanocomposites based on different polymeric matrixes [J].Thermochimica Acta, 2007, 454(1) : 1–22.

[154] MORGAN A B. Flame retarded polymer layered silicate nanocomposites : a review of conmmerical and open literature systems [J]. Polymers for Advanced Technology, 2006, 17(4) : 206–217.

[155] KILIARIS P, PAPASPYRIDES C D. Polymer/layered silicate(clay)nanocomposites : an overview of flame retardancy [J]. Progress in Polymer Science, 2010, 35(7) : 902–958.

[156] GU J W, MENG X D, TANG Y S, et al. Hexagonal boron nitride/polymethyl–vinyl siloxane rubber dielectric thermally conductive composites with ideal thermal stabilities [J]. Composites Part A Applied Science and Manufacture, 2017(92) : 27–32.

[157] GU J W, LIANG C H, DANG J, et al. Ideal dielectric thermally conductive bismaleimide nanocomposites filled with polyhedral oligometric silisequioxane functionalized nanosized boron nitride [J]. RSC Advance, 2016(6) : 35809–35814.

[158] 张华,彭勤纪,李亚明,等. 现代有机波谱分析 [M]. 北京:化学工业出版社,2005:250–305.

[159] 朱应军,郑明东. 炼焦用精煤中硫形态的 XPS 分析方法研究 [J]. 选煤技术,2010(3) : 55–57.

[160] 李梅,杨俊和,张启峰,等. 用 XPS 研究新西兰高硫煤热解过程中氮、硫官能团的转变规律 [J]. 燃料化学学报,2013,41(11) : 1287–1292.

[161] STOLLER M D, PARK S J, ZHU Y W, et al. Graphene–based ultracapacitors [J]. Nanoletters, 2008, 8(10): 3498–3502.

[162] TAPAN K D, SMITA P. Graphene–based polymer composites and their applications [J]. Polymer–Plastics Technology and Engineering, 2013, 52(4) : 319–331.

[163] VIRENDRA S, DAEHA J, LEI Z, et al. Graphene based materials: past, present and future [J]. Progress in Materials Science, 2011, 56(8): 1178–1271.

[164] JEFFREY R P, DANIEL R D, CHRISTOPHE W B, et al. Graphene–based polymer nanocomposites [J]. Polymer, 2011, 52(1): 5–25.

[165] BAO C L, LEI S, CHARLES A W, et al. Graphite oxide, geaphene, and metal–loaded graphene for fire safety applications of polystyrene [J]. Journal of Materials Chemistry, 2012, 22(32): 16399–16406.

[166] SHEN B, ZHAI W T, TAO M M, et al. Enhanced interfacial interaction between polycarbonate and thermally reduced graphene induced by melt blending [J]. Composites Science and Technology, 2013(86): 109–116.

[167] CALCAGO C I W, MARIANI C M, Teixerira SR, et al. The role of the MMT on the moephology and mechanical properties of the PP/PET blends [J]. Composites Science and Technology, 2008, 68(10–11): 2193–2200.

[168] CHEN Z B, LIU X J, LI T S, et al. Mechanical and tribological properties of PA/PPS blends II: filled with PTFE [J]. Journal of Applied Polymer Science, 2006, 101(2): 969–977.

[169] 吴培熙, 张留城. 聚合物共混改性 [M]. 北京: 中国轻工业出版社, 2012: 19–48.

[170] PETERS O A. The thermal degradation of poly(phenylene sulfide) (Part1) [J]. Polymer Degradation and Stability, 1993, 42(1): 41–48.

[171] DAY M, BUDGELL D R. Kinetics of the thermal degradation of poly(phenylene sulfide) [J]. Thermochima Acta, 1992, 203(92): 465–474.

[172] MONTAUDO G, PUGLISI C, Samperi F. Pripmary thermal degradation processes occurring in poly (phenylene sulfide) investigated by direct pyrolysis–mass spectrometry [J]. Journal of Polymer Science, Part A, Polymer Chemistry, 1994, 32(10): 1807–1815.

[173] BOTHELHO G, LANCEROS–Mendez S, GONCALVES A M, et al. Relationship between processing conditions, defects and thermal degradation of poly(vinylidene fluoride) in the β –phase [J]. Journal of Non–crystalline Solids, 2008, 354(1): 72–78.

[174] NANDAN B, KANDPAL L D, MATHUR G N. Poly(ether ether ketone)/poly(aryl ether sulphone) blends: thermal degradation behavior [J]. European Polymer Journal, 2003, 39(1): 193–198.

[175] INCE–GUNDUZ B S, ALPEM R, AMARE D, et al. Impact of nanosilicate on poly(vinylidene fluoride) crystal polymorphism (Part1): melt–crystallization at high supercooling [J]. Polymer, 2010, 51(6): 1485–1493.

[176] ZHANG R C, XU Y, LU Z Y, et al. Investigation on the crystallization behavior of poly(ether ether ketone)/poly (phenylene sulfide) blends [J]. Journal of Applied Polymer Science, 2008, 108(3): 1829–1836.

[177] 朱锐钿, 张鹏. 国内耐高温滤材用合成纤维的应用研究进展 [J]. 合成纤维工业, 2011, 34(5): 52–54.

[178] 马捷. 我国耐高温过滤材料的发展现状及市场潜力 [J]. 化学工业, 2016, 34(1): 18–25.

[179] 孙航, 李志迎, 贾塱. 聚苯硫醚纤维的化学稳定性研究 [J]. 化工新型材料, 2016, 44(3): 187–195.

[180] 杜金峰. 聚苯硫醚纤维热学与耐酸碱性能研究 [D]. 天津: 天津工业大学, 2014.

[181] 常敬颖,彭鹏,仇何,等. 非织造材料在过滤领域的应用 [J]. 合成纤维,2015,44(3):42–45.

[182] 吴煜梦,徐伟鸿,苗振兴. 纤维织物材料在过滤领域的应用 [J]. 化纤与纺织技术,2016.44(2):30–35.

[183] GULGUNJE P, BHAT G, SPRUIELL J. Structure and properties development in poly (phenylene sulfide) fibers (Part I): effect of material and melt spinning process variables [J]. Journal of Applied Polymer Science, 2011, 122:3110–3121.

[184] 邢剑,邓炳耀,刘庆生. 气流拉伸聚苯硫醚纤维的制备与表征 [J]. 合成纤维工业,2012,35(5):9–13.

[185] 李健,黄庆,李鑫. PGLA 纤维拉伸过程中结晶与取向的变化 [J]. 纺织学报,2011,31(1):1–5.